100 Marine Stories Youngsters Should Know

青少年
应当知道的 100 个
海洋故事

主编◎李夕聪　文稿编撰◎张琦　图片统筹◎柳晓曼

中国海洋大学出版社
CHINA OCEAN UNIVERSITY PRESS

海洋启智丛书

总主编　杨立敏

编委会

主　任　杨立敏
副主任　李夕聪　魏建功
委　员　（以姓氏笔画为序）
　　　　刘宗寅　朱　柏　李夕聪　李学伦
　　　　李建筑　杨立敏　邵成军　赵广涛
　　　　徐永成　魏建功

总策划
朱　柏

执行策划
邵成军　邓志科　由元春　乔　诚　赵　冲

写在前面

　　海洋,广阔浩瀚,深邃神秘。她是生命的摇篮,见证着万千生命的奇迹;她是风雨的故乡,影响着全球气候变化。她是资源的宝库,蕴含着丰富的物产;她是人类希望之所在,孕育着经济的繁荣! 在经济社会快速发展的21世纪,蔚蓝的海洋更是激发了无尽的生机。蓝色经济独树一帜,海洋梦想前景广阔。

　　为了引导中小学生亲近海洋、了解海洋、热爱海洋,中国海洋大学出版社依托中国海洋大学的海洋特色和学科优势,倾情打造"海洋启智丛书"。丛书以简约生动的语言、精彩纷呈的插图、优美雅致的装帧,为中小学生提供了喜闻乐见的海洋知识普及读物。

　　本丛书共五册,凝聚着海洋知识的精华,从海洋生物、海洋资源、海洋港口、海洋人物及海洋故事的不同视角,勾勒出立体壮观的海洋画卷。翻开丛书,仿佛置身于海洋

的广阔世界:这里的海洋生物遨游起舞,为你揭开海洋生物的神秘面纱,呈现海洋生命的曼妙身姿;这里的海洋资源丰富,使你在海洋的怀抱中,尽情领略她的富饶;这里的海港各具特色,如晶莹夺目的钻石,独具魅力;这里的海洋人物卓越超群,人生的智慧在书中熠熠闪光;这里的海洋故事个个精彩,神秘、惊险与趣味并存,向你诉说海洋的无限神奇。

海洋,是一部永远被传诵的经典。她历经亿万年的沧桑变迁,从远古走来,一路或壮怀激烈,或浅吟轻唱,向人们讲述着亘古的传奇。海洋胸怀广阔,用她的无限厚爱,孕育苍生。蓝色的美丽,蓝色的情怀,蓝色的奇迹,蓝色的梦想!

我们真切希望本丛书能给向往大海的中小学生带来惊喜,给热爱海洋的读者带来收获。祝愿伟大祖国的海洋事业蒸蒸日上!

杨立敏

2015 年 12 月 23 日

前言

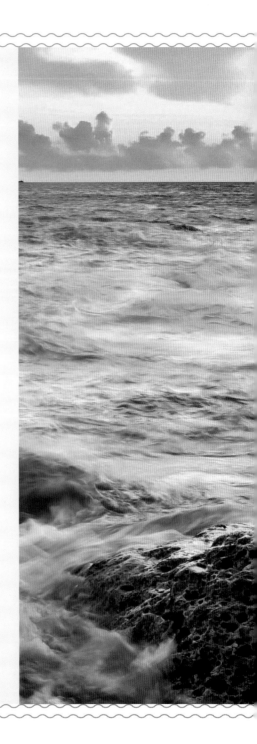

　　漫步海边，呼吸着清扬的海风，眺望着蔚蓝的海面，再拾起沙滩上美丽的贝壳，是不是会对大海产生无限的遐想？

　　自古以来，人们对海洋的向往和探索从没有停止过。精卫填海、海外仙山的美丽传说流传至今；扬帆起航，大国争霸的海洋探索历历在目。从最初的神秘信仰、传说故事，到后来的航海探险、科技发现，人们一步步走进大海的深处，探索着一个更加广袤无垠的海洋世界。

　　本书共四大部分100个故事，包括海洋神话故事、海洋历史故事、航海探险故事和海洋民俗故事，从不同方面展现着多彩的海洋。海底两万里的神秘、天涯海角的浪漫、甲午海战的惨烈和"大海国"的梦想，以及沉默不语见证沧桑的贝丘遗址，都是鲜活的海洋故事。千古传诵的妈祖日夜守护着临海而居、依海而动的渔家人；普陀山的观音高高耸立，注目着五湖四海虔诚的信仰

者……

海洋，之所以使人浮想联翩、流连忘返，正是因为她有韵致，充满魅力，温柔而多情，辽阔而深邃。渔家的号子吹起来，渔家的姑娘舞起来，渔家的灯火亮起来，海上的歌谣唱起来。夕阳西下，渔民收网，鱼虾满舱，又是一个祥和富足的好日子！

就让我们一起走进这 100 个关于海洋的故事吧！用大海的柔情感染你，用大海的胸怀陶冶你，用大海的壮阔培养你，用大海的浩瀚塑造你，开启一场韵味无穷、辽远丰富的海洋之旅！

目录

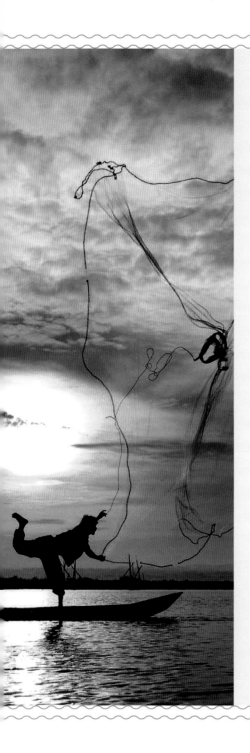

第一部分

海洋神话传说

大海的灵动与神秘总会引起人们无限的憧憬与向往。久远的神话传说故事，携着咸咸的海风，送来清凉的味道。烟波浩渺的海外仙山，执着坚毅的东海精卫，神通广大的八仙过海，以及美丽善良的海螺姑娘，温柔多情的小美人鱼……从各个层面、从不同角度丰富着海洋的韵味。临波远眺的石老人，海边伫立的女儿礁和定海西畔的金塘岛，也都演绎着沧海桑田的变化和美丽动人的传说。一个个意味悠长的海洋神话传说，既吸引着我们注视海洋，也悄悄推开了我们想象的心门，跟随着这些故事，让我们的思绪尽情飞扬。

1. 精卫填海

很久以前,有个名叫神农氏的人,他有个女儿名叫女娃。女娃虽然年龄很小,却经常和大人一起耕地种田,为父母分忧解难。

一天,女娃在田里干活,正午的太阳火辣辣地烤着大地,她累得满头大汗,汗水从两颊流下来,湿透了衣背。于是,她便想去东海洗个澡。在一旁劳作的父亲,爱女心切,很快看出了女娃的心思,便让她放下手里的活儿去玩。

女娃兴高采烈地谢过父亲,飞快地跑到东海边,一个猛子扎到水里。海水好凉快,她尽情地游玩,还跟水中鱼儿捉迷藏。正当她玩得起劲儿的时候,海上突然掀起了一股巨浪,鱼儿吓得纷纷躲到水底不见了踪影。接着,又一个巨浪涌来,从海底冒出一个怪兽,怒目瞪着女娃,质问她为何来它的地盘玩耍。还没等女娃辩解,怪兽便把她卷入波涛之中。女娃被层层海水包裹着,陷入了巨大的漩涡,像陀螺一般打着转,无法喘息。最后,她再也无力挣扎,溺水身亡了。怪兽得意地大笑,消失在了大海之中。

到了晚上,神农氏四处寻找女娃,急得满头大汗。最后,他来到东海边。这时,一只小

◆ 精卫填海雕像

鸟停在了他的肩头，对他说自己就是女娃，被海怪害死后灵魂化作了这只精卫鸟。

从此，这只精卫鸟每日从西山上衔起石块、土块或者树枝抛入东海里，一趟又一趟，往返不休。它下定决心，不把东海填平就不停下来。

2. 八仙过海

相传在遥远的古代,有八位凡人经高人指点得道成仙。他们除暴安良,道法高强,在百姓心中留下了神通英名。这八位分别是铁拐李、吕洞宾、汉钟离、张果老、曹国舅、韩湘子、何仙姑和蓝采和。

据说这八位仙人在终南山上修炼多年,道法日益精进。一日,风流倜傥的吕洞宾首先耐不住性子说:"咱们如今个个身怀绝技,又炼成了神通广大的宝贝,不如出去走走,既可以领略久未谋面的凡间美景,也可以救人于危难之中、解人于困苦之时。"众仙一听这话纷纷响应,也都想出去施展一下多年修炼的技艺和法术。

于是,吕洞宾提议说:"同去蓬莱仙岛吧!蓬莱仙岛位于波澜壮阔的东海之滨,琼楼玉阁,金花银树。大大小小的仙山神岛分布在浩瀚的海面之上。"听着吕洞宾的描述,众仙人都无限向往。

八位仙人即刻动身,很快便到达了东海岸边。眼前碧波万顷,波澜壮阔,景致迷人。这时吕洞宾指着大海中央一座空灵缥缈的岛屿说道:"那就

是传说中的蓬莱仙境了，我们不如去那里畅游快活，岂不更合仙人之乐？"

何仙姑马上皱起眉头说："波涛之大，我们如何过去？"

铁拐李瘸腿一颠，走上前去，爽快地说："咱八仙过海，还能被难倒吗？"接着，他将铁拐向海里一扔，只见铁拐顺势拉长变大，像箭一般向前驶去。吕洞宾也不甘示弱，将身旁的宝剑抽出置入海中，宝剑披风斩浪，他紧随其后。其余六位仙人也来了兴致，只见汉钟离将芭蕉扇在胸前一晃，变成五尺见方的巨扇，踏波而去。张果老也把沾水就活的纸驴往海面一抛，纸驴马上变成一头真驴悠闲地走在大海之上，张果老潇洒地骑着驴好不快活。曹国舅抽出玉板，投入波涛，玉板马上变作一叶轻舟平稳地在海面上漂流起来。韩湘子伴着轻扬的笛声，将梅花笛落入水中纵身而去。何仙姑青云漫步地走上荷花，莲下白浪轻舞，鱼儿快活地游着。蓝采和也紧跟其后，抛下花篮乘风破浪，唱着渔歌向远处的蓬莱仙岛奔去。

这正是：八个神仙好逍遥，呼风唤雨海浪笑。蓬莱仙山有仙人，神通各显有神名。

八仙过海画

3. 南海椰子姑娘

椰子树遍布南海边的各个角落,几乎可以看作南海的一大象征。椰子的由来说法不一,在当地一个广为流传的说法是源于一位名叫椰子的姑娘。

椰子是一位生活在南海边的美丽善良的姑娘。很久以前,四面环海的海南岛发生了一次极为严重的干旱,天气燥热无比,很久没有下雨,每天都有很多人因为喝不到淡水而失去性命。就在这样的关头，椰子姑娘挺身而出。她想，与其坐以待毙，不如放手一搏，到处去挖掘挖掘，说不定能挖出淡水来。于是，她便独自到海边去挖掘。椰子姑娘夜以继日、废寝忘食地挖掘，但一连几日连一丁点儿淡水的影子也没有见到。她嘴唇干裂，疲惫不堪，但即便如此，她也没有放弃，而是咬紧牙关继续寻找水源。

椰子姑娘的善举打动了妈祖，于是妈祖掏出了一个火红的果子，让姑娘吃下。姑娘照妈祖的吩咐，吞下果子，马上变成了一只美丽的孔雀。然而，变成孔雀的姑娘体内却像是有团烈火在焚烧她的五脏六腑。于是，孔雀拼命地用嘴往地下钻啊钻，终于钻出了水。海边本来咸涩的海水，碰到孔雀的嘴后却变成了甘甜清凉的泉水。她痛痛快快地喝起来。很快，她又想到了还在忍受干渴的乡亲们，便开始用她的身体不停地装水，送到地面上来。可是她水装得太满了，头深深地埋进了沙土中，再也拔不出来了……

此时，孔雀变成了一棵树，身躯是树干，尾巴是树叶，头和嘴是树根，还在不停地吸着地下的泉水。泉水源源不断地往上运输，而大树的枝头早已挂满了沉甸甸的果子，果子里盛满了水。乡亲们摘下果子，尽情饮用着甘甜的汁水。终于，海岛上的干旱解除了，人们得救了，又过上了幸福的生活，而那位姑娘却永远地化身为树伫立在南海边。

因为姑娘的名字叫椰子，人们为了纪念她，便用她的名字来称呼由她化身而成的树，把树上结出的果子叫作椰子果。如今，海南椰林遍地，这个关于椰子的美丽传说也世世代代流传在南海边，寄托着南海人对善良勇敢的赞美与歌颂。

4. 妈祖的传说

妈祖曾是福建省莆田市湄洲岛上的一个普通少女,她名叫林默,生于宋建隆元年。

林默天资聪颖,善良伶俐。她一方面精通医术,常为百姓治病;一方面又会占卜天气,预知风暴,提醒渔夫客商是否适宜出海行船。同时,她水性极好,常常救助海上遇险的渔民。

相传在林默16岁那年,有一日,她的父亲和兄长出海捕捞,她在家中帮母亲织布,忽然她觉得异常困乏,就趴在织布机上睡着了。梦里她看到了父兄驾驶的渔船被波涛滚滚的海浪打翻,父兄双双落水。林默立即跳入海中将父亲拉到岸边,正当林默想要返回海里解救兄长的时候,母亲看到睡梦中不安的林默,将其叫醒。醒后林默惊慌失措,心头一惊,手中的梭子掉在了地上。她悲痛地看着母亲说阿爸得救了,可是阿兄还没来得及救起,已经去世了。母亲吃惊地听着林默的话但又难以置信,后来看到丈夫伤心地只身一人回家时方才明白过来,悔恨不已,号啕大哭起来。

◆ 妈祖雕像

　　此后，林默"游魂救父"的事流传开来，乡亲们都惊异于她高超的法术。然而不幸的是，林默 28 岁那年，在海里救人时溺水身亡了。

　　林默死后，她又屡次显灵救助遇到困难的渔民。人们为了纪念她，尊称其为妈祖。从此，妈祖便成为人们心中祈求健康平安、海运昌盛的"海上女神"，她慈眉善目、气定神闲的形象也世代流传。

5. 孙悟空大闹水晶宫

大家都知道孙悟空手中那个威力无比的兵器叫作金箍棒,但是你知道他的金箍棒是从哪儿得来的吗?

在海中仙岛花果山水帘洞中,有一只石猴,名叫孙悟空。他出世不久后便独自乘筏,漂洋过海去拜师学艺。艺成归来后因本领高强,他便被众猴尊称为美猴王齐天大圣。在带领众猴操练武艺时,他发现自己没有一件合适的兵器,为此很是苦恼。

一天,一只老猴对他说:"东海龙王那里收藏了很多兵器,个个都是法力无边的宝贝。"

听罢此话,孙悟空马上来到龙宫,向龙王讨一个兵器使用。龙王派虾兵们将一件件兵器扛出来,从一两个虾兵能拿得动的大刀、钢叉,到几十个虾兵才能抬起来的方天戟,让孙悟空挑选。孙悟空左挑一个不行,右选一个不合适。

最后在龙婆、龙女的提醒下,龙王想起了重达千斤的定海

↑ "花果山"雕刻

↑ 电视剧《西游记》剧照

神针。他猜想这猴子一定拿不动这根神针。可是没想到，孙悟空一看这根定海神针金光万丈，便眼前一亮。接着，他又发现它可以随意变幻长短粗细，甚是中意，不禁手舞足蹈地耍起这根"如意金箍棒"来，把龙王的水晶宫搅得左摇右晃，吓得老龙王心惊胆战，小龙女魂飞魄散，鱼虾蟹纷纷投降，趴在地上不敢出气儿。

　　最后孙悟空将定海神针变作一枚绣花针置入耳朵眼中，得意地离开，回到花果山跟他的徒儿们练习武艺去了。

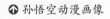

⬆ 孙悟空动漫画像

⬇ 影视剧中的海底龙宫

6. 哪吒闹海

⬆ 动画片中哪吒闹海图

从前,陈塘关有一位大将军叫李靖,他的夫人怀胎三年零六个月生下了一个肉球。李靖用剑劈开肉球,忽然光芒四射,从中跳出一个手套金镯、腰围红绫、能走会蹦的俊俏男孩。李靖认为这是不祥之物,闷闷不乐。一位名叫太乙真人的道长却来贺喜,为孩儿取名哪吒,并收为徒弟,当场赠他两件宝物:乾坤圈和浑天绫。哪吒自幼喜欢习武,聪明伶俐,活泼可爱。

哪吒七岁时,天旱地裂,东海龙王滴水不降。一日,小哪吒同小朋友在海边嬉戏游泳,他拿着混天绫在水里一晃,就掀起大浪,大浪把东海龙王的水晶宫震得东摇西晃。龙王吓了一大跳,就派了一个夜叉上来看看是怎么回事,结果巡海的夜叉被哪吒的乾坤圈打中失了性命。接着,东海龙王的三太子出来问罪,却依然敌不过哪吒,还被抽了龙筋。

东海龙王得知这一消息后勃然大怒,马上赶到陈塘关兴师问罪,声称如果不把哪吒交出来就要水淹陈塘关,伤害这里的几十万黎民百姓。

小哪吒不愿意牵连父母和百姓,一人做事一人当,于是自己剖腹、剜肠、剔骨,还筋肉于双亲。后来他得到师父的相救,以荷叶、莲花为体重获新生。脱胎换骨后的哪吒再一次来到东海,砸了龙宫,捉了龙王,从此哪吒闹海的故事也就流传开来了。

7. 沧海桑田

相传古代有兄妹二人，哥哥叫王方平，妹妹叫麻姑。兄妹俩通过修行得道成仙。

一次，他们相约在蔡经家相见。哥哥王方平等了许久未见妹妹前来，便派了使者前去寻找，恰巧遇到麻姑的使者。使者在空中向王方平禀报说："麻姑使者命我先向您致意，她说已有五百多年没有见到先生了。此刻，她正奉命巡视蓬莱仙岛，待会儿就会来和先生见面。"

王方平微微点头，耐心地等着。没多久，麻姑从空中降落。蔡经家的人这才见到，麻姑虽然已经修行了千百年，但是，她的容貌依然像十八九岁的样子，一点也没有变老。她留着长到腰间的秀发，衣服上面绣着美丽的花纹，光彩耀目。

🔺 麻姑画像

麻姑和王方平互相行礼过后，吩咐开宴。席上的用具全是用金和玉制成的，珍贵而又精巧，里面盛放的大多是奇花异果，香气扑鼻。

宴会后，兄妹俩腾云驾雾到处游玩，好不自在。他们来到大海边，麻姑对哥哥说："我已经亲眼见到东海变成桑田、桑田变成东海，来来回回足足三次了。刚才到蓬莱，又看到海水比前一时期浅了一半，恐怕大海又要变成陆地了吧？"说完，他们又一道驾云去别处游玩了。

"东海变为桑田，桑田变成东海"，后来便有了成语"沧海桑田"，比喻世事变迁很大。

8. 望海石

望海石，又名探海石，是泰山著名的标致性景观之一。它像一只报晓的雄鸡，气宇轩昂地伫立在泰山之巅，等待着四方游客前来驻足观海。关于望海石的来历，有一段美丽的传说。

从前，在泰山的中天门上有座二虎庙，二虎庙里供奉着黑虎神。他奉碧霞元君之命整天在山上巡逻，哪里有禽兽、妖孽兴风作浪，他就到哪里去惩治，保卫着泰山的安宁。

有一年春天，鸟语花香，山间美景如画，游人如织。东海龙宫有个守门的海妖见自家门前冷冷清清，而泰山顶上却热闹非凡，便心生嫉妒，偷偷跑到泰山顶上施展妖气。刹那间，山间原本如诗如画的云海、仙雾变得乌烟瘴气，山上顿时大乱，人心惶惶。海妖见状，在一旁幸灾乐祸地放声大笑。

此时，黑虎神正在山上巡视，见乌云笼罩着山顶，便知定有妖孽作怪，于是提上碧霞元君赐他的镇山之宝——擎天神棍直奔山顶，但见那妖孽还在山顶作法，便气不打一处来，狠狠地一棍子打下去。那海妖只听身后一阵冷风袭来，知道大事不好，急忙化作一缕青烟逃跑，山顶又恢复了一派仙山琼阁的美景。但是，黑虎神由于用力过猛，那擎天神棍打在石上，一片火光散去，神棍断为两截，那断掉的一截顿时化作一块巨石，远远向着东海，似在怒目而视。

从此，那东海妖孽看着有擎天神棍化作的望海石立在山顶，便再也不敢到泰山上作孽了。

9. 秦王嬴政求仙

相传,秦王嬴政在横扫六国、一统天下之后,认为自己"功过三皇,德盖五帝",于是自称始皇帝,并且希望自己建立的帝业永存,自己能够长生不老。他四处寻仙问药,对神仙方术十分着迷。

当时恰巧有一位方士,名叫徐福,在秦始皇出巡时进言说自己曾经游历过海外仙山,见过安期生等神仙,愿为他求得长生不老之药。

秦王一听大喜,赐予他数千童男童女、植物种子、药品、衣物、粮食等,让他出海求药。然而,徐福带领童男童女远渡海外却一去不返,下落不明。

世传这海外仙山便是蓬莱、方丈、瀛洲这三座仙山,它们都位于渤海之上,离凡人尘世并不遥远,山上居住着神仙,还有令人长生不老的仙药,而且仙山之上的飞禽走兽都是白色的,连亭台楼

↑ 秦王嬴政雕像

阁都是用黄金白银建造的。当有人试图入海找寻它们时,它们在云中若隐若现,可是待到人们接近仙山时,它们都好像却又潜伏到海里去了。

从齐威王到汉武帝,一批批方士被派去海上找寻这个神奇的地方。他们有的回来了,有的却不知所踪。虽然不老神药一直没有被找到过,但是这处神秘缥缈的海外仙山却给后人留下了无尽的遐想与憧憬。

10. 天涯海角

天涯海角是海南省三亚市一处著名的风景区,那里水天一色,烟波浩渺,帆影点点,椰林婆娑,奇石林立。其中,分别刻有"天涯"和"海角"的两块巨石最为引人瞩目。

传说,在很久以前,有一对年轻男女彼此相爱,可惜他们的家族有着不共戴天的世仇。二人不顾家人的反对,立下誓言就算走到天涯海角也要永远在一起。

在族人的追赶下,他们逃到了海边。无奈之下,他们携手跳入大海殉情。后来,他们便化作了这两块巨石。

后人为纪念他们坚贞的爱情,便刻下"天涯""海角"的字样。现在男女恋爱常以"天涯海角永远相随"来表明自己的心迹,表达对爱情的执着与眷恋。

另外,"天涯海角"这个成语也常用来表明极其遥远的地方或相隔极远。

◀ 天涯海角景点

11. 石老人

相传，很早以前，在山东省青岛市崂山西侧的海边住着勤劳善良的父女俩，他们相依为命，靠打鱼为生。女儿车姑聪明美丽，能歌善舞。她每天纺线织网，日子过得清闲自在。

⬆ "石老人的传说"雕刻

三月的一天，老人清早就摇船出海了。车姑送走父亲，便独自坐在礁石上，背依青山，面朝大海，一边纺着渔网，一边唱着渔歌。

此时，东海龙王正在水晶宫里大摆酒宴，听到岸上的甜美歌声，便派人将车姑抢进龙宫。打鱼归来的老人，看到空荡荡的家，便四处寻找车姑，却不见车姑踪影。可怜的老人只能日夜在海边呼唤，望眼欲穿，不顾海水淹没膝盖，直盼得两鬓全白，腰弓背驼，仍执着地守候在海边，一日又一日。

后来，趁老人坐在水中托腮凝神之际，龙王施展魔法，将老人的身体点化成石。

车姑得知父亲的消息后，痛不欲生，冲出龙宫，向变成石头的父亲奔去。她头上插戴的鲜花被海风吹落到岛上，扎根生长，从而在长门岩、大管岛上长满了野生的耐冬花。当姑娘走近崂山时，只见水天相接处"哗"地涌起两排巨浪，在老人变成的石像对面，将她也化作一座巨礁，孤零零地定在了海面上。

从此父女俩只能隔海相望，永难相聚。在近旁居住的渔民便将老人变成的巨石唤作"石老人"，将对面的巨礁称为"女儿岛"。

"石老人"与"女儿岛"隔海相望，父慈女孝的情怀，引起众人的同情与感叹。沧海巨变，石老人日夜守护着爱女的情思，为青岛的海边增添了一抹神秘与美丽。

12. 墨鱼制鲸

从前,有一条巨鲸,仗着自己身强体壮在大海中横行霸道,以强欺弱,搅得大海不得安宁。

一日,众鱼聚在一起商议怎么对付巨鲸。一只小丑鱼怯生生地说:"我们还是搬走吧,不想再受巨鲸的欺负了。"鲳鱼却说:"可是我们在这里生活了这么久,拖家带口地找一个新的住处也很不容易啊。"

正当大家愁眉不展时,墨鱼挺了挺大肚子,向前走了两步,气愤地说:"搬走也不是办法,别的地方没准儿又会遇到像巨鲸这样的霸王。依我看,我们得狠狠惩治它,不能再让它称王称霸了。"

正说着,巨鲸冲了过来,众鱼吓得四散逃走,只剩下了墨鱼。巨鲸盛气凌人地游过来,张开大口准备将它吞下去。墨鱼却不慌不忙地对准它,"噗"的一声,放出一阵黑烟,海水顿时变得漆黑一片。巨鲸鱼眼前一黑,什么也看不见了。

过了好久,黑烟才散尽,巨鲸揉揉眼珠定睛一看,那墨鱼在不远处,便冲过去,又想吞了墨鱼。这时墨鱼又放出一阵黑烟。巨鲸像眼睛瞎了一般,什么也看不见了。就这样,墨鱼游一阵放一阵黑烟,再游一阵再放一阵黑

 鲸

烟，引诱着巨鲸到处转。巨鲸从没吃过这样的亏，又馋又饿，又气又恼。

墨鱼看准时机，等巨鲸再次靠近时又一次放出黑烟，一跃而起骑到巨鲸的背上，用长须死死缠住巨鲸的头顶。黑烟散了，巨鲸找不到墨鱼，又觉得头顶被什么吸着，先是一阵阵痒，接着是一阵阵痛。它拼命地翻身，谁知头顶像被铁钉钉住一般，剧痛无比，一动也不能动。

巨鲸忍不住疼痛，只得求饶说："墨鱼老弟，放过我吧，我再也不欺负你了！"墨鱼说："不欺负我也不行，还不能欺负别的鱼。"墨鱼说着，两条须吸得更紧了。巨鲸被拖得一点力气也没有了，威风尽扫，只得连声哀求说："好，好，好，再也不欺负别的鱼了！"

墨鱼听它这么说，才松开触须跳了下来，但是巨鲸的头顶却被吸出了一个小洞，再也没有愈合过来。从那以后，巨鲸每过一段时间，便要浮到水面，把小孔里的水全都喷出来。

13. 张生煮海

古代有一位秀才名叫张生,父母双亡,生活清寒,自幼喜爱诗书,但未求得功名。一日,他在东海边闲游,见近旁的石佛寺十分清幽,便打算借此处温习经史,以求取功名。

一天夜里,张生颇感寂寥,便抚弄琴弦,弹琴散心。琴声低回婉转,甚是动听,恰巧被出来闲游的东海龙王的三女儿琼莲听到。琼莲听到琴声,便情愫暗生,心生眷恋,循着声音找了过去。二人一见倾心,互相爱慕,便私订了终身,并约定八月十五结为连理。

东海龙王得知了此事非常气愤,将琼莲幽禁在龙宫,派人看守。张生思念心切,夜不能寐,独自来到东海边探寻。可是大海茫茫,他一介书生,又如何能寻到龙王的女儿呢?

张生日夜祈祷感动了东华仙姑,于是,仙姑传授给张生煮海之术,并赠给他银锅、金钱和铁勺,让他煮沸海水,逼迫东海龙王招他为婿。

于是,张生将海水煮得热浪滔滔。龙王实在熬不过,只好请求石佛寺长老来为张生做媒,同意了这门婚事,将女儿许配给了张生。有情人终成眷属,张生与琼莲喜结连理,从此幸福地生活在了一起。

← 东海龙王画像

14. "贼"婆献珠

相传很久以前,有个叫海旺的打鱼人,父亲早逝,他和母亲二人相依为命。母亲40岁那年患上了"心口痛"的毛病。海旺是个孝顺的儿子,四处寻医问药为母亲治病。但不幸的是,他母亲的病反而愈加严重。

⤒ 乌贼

一天,海旺像往常一样出海捕鱼好买药回来继续为母亲治病,可是一无所获,伤心地对着东海大哭。他的哭声引来了一只比船还要大的乌贼婆。乌贼婆缓慢爬到海旺身边,拍着他的肩膀问:"年轻人,你怎么了?"起初海旺吓了一跳。乌贼婆马上解释说:"我是龙王府的乳母,你有什么困难告诉我,或许我能帮上你。"

⤒ 可做药材的乌贼骨

于是,海旺一五一十地把自己的情况告诉了她。乌贼婆听后十分感动。她告诉海旺自己也曾患过这种病,因为自己帮龙王抚养子女,所以龙王便赐给她一颗珠宝镶嵌在背上病情才得以好转,最后痊愈了。

接着,乌贼婆给海旺一支金钗,让海旺将自己背上的宝珠挖出来给母亲治病。可是,宝珠镶嵌在骨头里的时间太长了,已经变成了粉末。海旺将这些粉末小心翼翼地取出来,回家给母亲服下。不久,母亲便痊愈了。

从那以后,乌贼骨便成为一味中药,在民间流传开来了。

↑ 北斗七星

15. 北斗星

每当夜幕低垂、繁星闪烁时,我们便会看到北斗星。在西沙、南沙群岛的渔民中流传着一个关于北斗星的传说。

相传很久以前,在南沙群岛的北岛上住着渔民翁大伯一家,翁大伯膝下有七个儿子。这七个年轻力壮的小伙子都是捕鱼高手。一家人以捕鱼为生,日子过得安稳幸福。

但是,天有不测风云。南海深处的海底宫殿住着一个恶魔,心肠歹毒,妄图霸占西沙和南沙。他常常施展妖术,喷出一团团浓雾;浓雾笼罩着西沙、南沙,久久不能散去。渔民们因无法辨别方向而不敢下海捕鱼,只能在浅海打捞一些小鱼虾艰难度日。

渔民们焦急万分,翁大伯也忧心忡忡,他烧香拜佛,祈求神明显灵。翁大伯的诚心感动了菩萨,一日,他在梦中受到观音菩萨的指点,说是要有七位英雄去战胜恶魔。翁大伯醒后,既欢喜又伤心。他喜的是终于有办法能

够打败恶魔了,忧的却是这七位英雄只能是自己的儿子们。他的儿子知道这个消息后,表示誓死也要击败恶魔拯救百姓。

于是,兄弟七人背插鱼刀,脚穿草鞋,一路南行寻找恶魔。路上,他们遇到了观音菩萨。菩萨看到他们意志坚定,非常欣慰,便送给他们每人一双避水鞋。兄弟们脱下草鞋,换上避水鞋继续赶路。他们日夜兼程,在避水鞋的帮助下终于来到了恶魔的宫殿。观音菩萨告诉他们,恶魔的心脏就放在近旁的一个毒水池中,只要毒水干涸,恶魔就会死去。然而毒水是不会自己干涸的,必须有人跳入池中变成珊瑚礁石才能吸干池中的毒水。于是,为了解救西沙、南沙的渔民百姓,兄弟七人携手跳入了池中。

七兄弟化作的珊瑚礁石慢慢露出海面,后来变成了现在西沙群岛中的"比心礁",他们脱下草鞋的地方便是南沙群岛的"草鞋滩"。后来,经过观音菩萨的点化,七兄弟的灵魂一起飞升上天,化作了北斗七星,在夜空中发出亮眼的光芒,永远为渔民们指引方向。北斗七星的故事从此流传开来。

16. 鹿回头

在海南省三亚市的南部,遍布珊瑚礁石的岸边有一座小山,雄伟峻峭,貌似一只美丽的金鹿站在海边回头观望,这就是黎族民间传说的鹿回头。

传说在很久以前,在景色秀丽的五指山下住着一位年轻英俊的黎族猎人,名叫阿黑。一日,阿黑的母亲牙痛难忍,他便四处采药为母亲治牙,但母亲的病情还是不见好转。为了照顾母亲,阿黑很多天没有外出打猎,眼见家中的粮食不多了,他只得再次背起弓箭上山。可是一天过去了,他竟一只野兽都没有猎到,又担心母亲独自在家无人照顾,只好空手而归。就在这时,他忽然看见了一只美丽的梅花鹿。心地善良的阿黑之前从来不忍心去伤害小鹿小羊这些柔弱的动物,他还曾经在山林中发现过一只受伤的小鹿并救治了它。可是眼下,家中实在困难,想起病痛中的母亲,阿黑无奈之下举起弓箭,可是梅花鹿飞快地跑走了。阿黑便对梅花鹿穷追不舍,一直追到了三亚湾最南边。

珊瑚崖边,梅花鹿面对烟波浩瀚的南海无路可去。阿黑正欲搭箭射猎,梅花鹿却突然回头深情地望着他,继而变成一位美丽的黎族少女向他走来,说自己就是曾被他救起来的小鹿。她含情脉脉地向他表达了爱慕之心,并从口中拿出槟榔的种子交给阿黑。于是,他们结为夫妻,定居此地,把荒滩开拓成椰林,把槟榔的种子种下,将结成的槟榔果采下给母亲服用,母亲立刻感到牙不疼了,身体也比从前硬朗了。从此,他们男耕女织,繁衍子孙,一家人过上了幸福和睦的日子,并把这座珊瑚崖建成了美丽的庄园,"鹿回头"也因此而名扬于世。

现在,鹿回头山顶已建设成一座美丽的公园,一座梅花鹿的巨型雕像伫立其中,象征着黎族人民对于爱情的美好憧憬与向往,吸引着中外游客纷纷前来驻足观赏。

← 鹿回头雕像

17. 观世音菩萨落户普陀山

东海普陀山一带，在渔民心中有一位海上女神，手托灵瓶，脚踏祥云，她就是救苦救难、大慈大悲的观世音菩萨。

千百年来，观音菩萨衣袂飘飘的形象深入每一个东海人的心中。那么普陀观音是怎样来的呢？这里还有一个小故事。

据说在后梁时，有位日本僧侣名叫慧锷，到五台山朝圣，见一尊观音大士圣像极为清净庄严，动念想"请"回日本供养，又怕该寺当家不肯，就想将这尊圣像偷走。

慧锷得到这尊圣像后，立即买舟东渡，准备回国。当这条船驶进浙江定海舟山群岛海域时，海面忽然涌现无数铁莲花，挡住航道，使船无法前进。慧锷见此奇异，马上跪在圣像面前忏悔："大士，我因为没有见过如此庄严的圣像，才想把您请回供养的。如果因我私自将佛像取走，或是我国众生与您无缘，那么弟子就在此建立精舍，供养圣像吧。"慧锷忏悔完后，马上行船驶往潮音洞。

慧锷下船后，在潮音洞附近，找到一户渔民的茅舍，向舍主张翁说明来意。张翁欢喜地说："菩萨愿意住在这荒山孤岛，说明与我们太有缘了。就请师父和菩萨一并住在这里。我把房子让出来筑庵供奉菩萨，将全山民众召集起来参拜菩萨。"慧锷也就不回日本，在此筑庵安住。民众称此庵为"不肯去观音院"，慧锷成为普陀山第一代开山祖师。从此普陀山也成为我国著名的观世音菩萨道场，大慈大悲救苦救难的观世音菩萨，也成为家喻户晓的神仙形象了。

18. 女儿礁

相传很久以前,东海边的海岛上住着渔家父女两人,他们相依为命,日子过得很清贫。所幸女儿秀丽有一门织网的好手艺,老渔夫就靠着捕鱼和女儿织的网换些柴米过日子。六月是鱼虾最旺的季节,老渔夫兴高采烈地早早出海去了,本想能有一个大丰收,谁知却一无所获。原来是海蜇把网挤破了,鱼虾也顺势逃走了。岛上的渔民见这里捕不到鱼,纷纷搬到别的地方去了。

秀丽每天都在为这件事发愁,吃不下饭,睡不着觉。有一天,她织着网,迷迷糊糊地睡着了。睡梦中,她听到一阵歌声:"秀丽姑娘不用愁,秀丽姑娘不用烦,白归白来黄归黄,白的黄的不同网。"醒后秀丽仔细琢磨这首歌谣,心想这不就是说白的是海蜇,黄的是鱼虾,用两个不同的网来捕,海蜇就可以从另一个网口通过了。

秀丽高兴得手舞足蹈,连忙将之前的破网拼成了两张网,又在网的上部开了一个口,另外套进一张开口的网。秀丽把这个方法告诉了自己的父亲,并把自己刚做成的网交给了他。老渔夫拿着这张网出海一试,果然海蜇趁着潮水乖乖地跑出去了,鱼虾依旧留在网里活蹦乱跳。

善良的秀丽把这种方法教给了左邻右舍,当地的百姓都很高兴,把这种能捕鱼虾的网叫作"网通",用这种网捕到了很多的鱼虾。

但是,好景不长,当地的渔霸陈平听说了这件事,见秀丽长得漂亮又心灵手巧,便心生歹意,想霸占秀丽为妻。他派媒人前去说媒,却被老渔夫痛斥了一顿。渔霸不甘心,趁着老渔夫出海时派人抢走了秀丽。

后来,誓死不从的秀丽逃到海礁上,跳海而死。闻讯赶来的老渔夫和乡亲们悲痛欲绝,纷纷拿起石块扔进大海,试图铺路救起秀丽,竟堆成了一座岩礁。乡亲们为了纪念秀丽,便将这块礁石取名为女儿礁。

此后,女儿礁便成为一种象征,守护着渔家的安乐祥和,保佑着东海渔民平安顺意。

→ 秀丽织网画

19. 仙女洒泪成珠

世界上最纯净的东西莫过于晶莹剔透的水晶了。它常被人们比作少女纯真的泪珠、夏夜天穹的繁星、圣人智慧的结晶、大地万物的精华和世间真挚的情感。那么,这些水晶是从哪里来的呢? 在东海便有一个仙女洒泪成珠的凄美故事。

相传在东海,有一座形似草屋的山冈叫作房山。山间汩汩流淌着两股清泉,上面的叫作"上清泉",下面的叫"下清泉"。山上青草遍地,鸟语花香,落英缤纷。一位美丽绝伦的神女名叫水晶仙子,经常在这风景秀丽的山水之间游玩。

在这个静谧的小山中,每年都会有一批又一批的年轻人来打柴。水晶仙子偷偷地爱上了清泉村一位年轻英俊的小伙子,小伙子勤劳善良,靠打柴为生。

小伙子也爱上了这位仙女。他们情投意合、互诉钟情,水晶仙子便以身相许,与他结为夫妻。后来,这件事被天宫的玉皇大帝知道了,他雷霆大怒,马上派天兵天将把水晶仙子强行押回了天宫。多情的水晶仙子不愿与夫君分离,她悲痛欲绝,泪水涟涟。一滴滴温热的泪珠洒落在地上,变成了一颗颗晶莹剔透的水晶,闪烁着耀眼的光芒……

神话是古老信念的自然流露,相信那些珍贵的水晶,是人们心中最真挚的情感、最难舍的柔情。从此,水晶也被世人看作表达深情的纯美礼物。

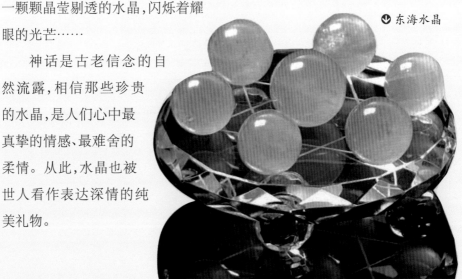

⭣ 东海水晶

20. "七姐妹山"与"海王山"

在杭州湾口的东海海面上,矗立着七个相互毗邻的小岛,这七个小岛连在一起,被当地人称为"七姐妹山"。这"七姐妹山"有一个美丽动人的传说。

相传很久以前,这一带还是一片苍茫的大海,海上有个荒岛。一位姓霍的老渔民因不堪忍受渔霸的迫害欺辱,便带着七个女儿逃到荒岛。这七个女儿,相貌各异,各有千秋,胖一点的叫"馒头",有酒窝的叫"酒壶",腊梅花开的时候出生的叫"小梅",声如夜莺的叫"莺儿"……总之,她们个个聪明伶俐,在岛上打鱼劳作,过着快乐的生活。

⬆ 七姐妹画像

有一天,父女们正在海边织网。忽然一阵狂风,一个海中怪物张开血盆大口向老渔民扑来,将他吞进肚子里。七姐妹悲痛万分,决心为父报仇。谁知这怪物吃了老渔民后,还想霸占这七姐妹,便变作一个黄胖子,自称是"海中之王",住在水晶宫里,要接七姐妹到水晶宫里享受锦衣玉食、荣华富贵。

七姐妹想到这是个报仇的好机会,便强忍着悲痛来到水晶宫。她们轮番给"海中之王"灌酒,将他灌醉后乘机取下他的宝丹,分成七块各自吃下。忽然,天昏地暗,海浪翻滚,七姐妹变成了七座由西向东排开的小山。"海中之王"醒来后,因为宝贝丢失,双目失明,变成了一座"海王山"。

从此,"七姐妹山"便屹立在海边,为出海的渔民指示航向;"海王山"与"七姐妹山"遥遥相望,好像一直带着满腔怨气。

21. 金塘岛

很早以前,在定海西南有个岛,遍地埋着黄金,人们称它为"金藏岛"。

后来,东海龙王知道了这个消息,想独吞黄金,就派龙子龙孙冲向金藏岛。它们一路上滥杀无辜,眨眼间岛上树倒屋坍,无比凄惨。

金藏岛的东头,有座纺花山。山上住着一位纺花仙女,她看见东海龙王残害百姓心中不平,就将漫上纺花山来的潮水退下,金藏岛上的男女老少纷纷逃到纺花山去避难。

纺花仙女变作一位满头白发的百岁阿婆,拄着拐杖对大家说:"龙王淹金藏,百姓遭了难;若要保金藏,随我把花纺;纺花织成网,下海斗龙王。"

大家听了阿婆的话便织起网来。他们织了很久,终于织出一个 81 斤重的金线渔网。

网织好后,一个名叫海生的男子站出来,自愿下海斗龙王。纺花仙女便拿出一套金线衣给他穿上,并传授了秘诀。

海生穿上金线衣,遵照纺花仙女的嘱咐说了声:"大!"浑身上下的肌肉立刻鼓了起来,越来越大,变成了一个巨人。这时,海生轻轻拿起那个金线渔网,告别纺花仙女和众乡亲,奔下纺花山,"扑通"一声,跳进大海。

海生游到海中,取出金线网一抛,说声:"大!"金线网马上擒住了东海龙王的护宝将军狗鳗精。海生听纺花仙女说过,只要擒住狗鳗精,就可得到煮海锅,有了煮海锅,就能保

◆ 纺花仙女画像

住金藏岛。海生说声："小！"金线网越缩越小，狗鳗精在里面痛得死去活来。海生要狗鳗精交出煮海锅，为了活命，狗鳗精只得乖乖听话。

回到纺花山后，海生便和大家按纺花仙女的指点，在海边支起煮海锅，舀来东海水，烧旺干柴火煮了起来。不一会儿，煮得海面冒起了热气，海水起了白泡，煮得东海龙王浮出水面直喊饶命。

海生大喊道："退下潮浪，还我金藏；否则，我就煮烂你这个海龙王！"东海龙王连忙下令潮退浪息，金藏岛又露出了水面。

谁知，等海生端开锅，熄了火，海龙王马上变了脸，一个浪头将煮海锅卷走，急得海生直跺脚。这脚跺得地动山摇，藏在地下的金子都出来了，纷纷飞向滩涂，筑起纹丝不动的金海塘，保护着金藏岛。

自此以后，"金藏岛"就改名为"金塘岛"了。

22. 东海龙女

传说，在观音菩萨身边，有一对童男童女，男的叫善财，女的叫龙女。龙女原是东海龙王的小女儿，眉清目秀，聪明伶俐，深得龙王的宠爱。

一天，龙女听说人间有灯会，异常热闹，就吵着要去观看。龙王不同意，她便在夜里悄悄溜出水晶宫，变成一个美丽的渔家少女，踏着朦胧月色来到闹鱼灯的地方。

小渔镇上热闹极了，街上有好多漂亮的鱼灯。龙女东瞧瞧西望望，越看越高兴，竟看得出了神。谁知这时候从阁楼上泼下半杯冷茶，不偏不倚正洒在龙女头上，龙女惊慌失措。原来变成少女的龙女，碰不得水，碰到水后就会变回原型。

龙女焦急万分，害怕在大街上现出龙形会招来风雨冲塌灯会，于是拼命地向海边奔去，可是刚刚跑到海滩就变成一条大鱼动弹不得。

正巧，海滩上来了两个捕鱼小子，看到这条光灿灿的大鱼很是惊喜，便把大鱼扛起来，准备去街上卖。

此时，观音菩萨正在紫竹林打坐，将刚才发生的事情看得一清二楚，便动了慈悲之心，对身后的善财童子说："你快到渔镇去，将这条大鱼买下来，送到海里放生。"善财点头称是，踏着莲花飞奔而去。

这时，两个小子已将鱼扛到大街，准备卖掉。观鱼灯的人都没有见过这么大的鱼，一下子全都围了上来，争着说把大鱼切开来卖。

　　小伙子正要用刀来斩大鱼，却忽然被一个气喘吁吁赶来的小沙弥阻止住了。"莫斩！莫斩！这条鱼我买下了。"众人一看，十分诧异。小沙弥赶紧说："我买这条鱼去放生。"说着，他掏出一撮碎银，递给捕鱼小子。

　　小沙弥把大鱼扛到海边，那鱼碰到海水，立即打了一个水花，游出老远，然后掉转身来，同小沙弥点了点头，倏忽不见了。

　　东海龙王知道了龙女私自外出，气得龙须直翘。他越想越气，一怒之下竟将她逐出水晶宫。

　　龙女伤心极了，只能跑到紫竹林求观音菩萨。观音菩萨见到龙女，心生爱怜，便让她和善财一同守在她身旁。从此，龙女就跟了观音菩萨。龙女依恋普陀山的风光，再也不愿回到禁锢她的水晶宫了。

➲ 龙女雕像

23. 刘公岛

刘公岛位于山东半岛的威海湾内,岛上风光秀丽、景色迷人。关于这岛的名字,有一个美丽的民间传说。

相传在数百年前的一天,有一条来自江南某地的商船,在海上突然遇到了风暴,船上的人们奋力与风浪搏斗,祈望能找到一处可以躲避风浪的地方。然而船正航行在大海之中,看不见陆地,也看不见岛屿。人们纷纷祷告苍天保佑,但无济于事,风浪越来越猛,越来越大。

又过了好久,风浪仍不见停息。船在海上失去了控制,像一片树叶在海面上漂浮。船上的淡水和食物也用光了,船员们筋疲力尽,绝望地倚在舱板上。天色渐渐黑了,海天之间漆黑一片,只有风浪依旧在夜幕中呼啸着。

正在绝望中,忽然有人惊叫一声:"看,火光!"众人忙起身,果然发现前方闪烁着微小的火光,在风浪中时隐时现。众人顿时来了精神,忘记了饥饿和疲劳,拼力将船向火光划去。渐渐地,火光近了,隐隐约约地看出前方是一个小岛。

⊕ 刘公岛

船终于靠岸了,船夫们下船寻着火光走去,不一会儿便看见前面有一栋房屋,窗前亮着灯光。船夫们急忙上前敲门。门开了,一位老人出现在门口。众人赶忙诉说了自己的遭遇,请求老人施舍一些茶饭。老人爽快地答应,并叫出一位老妇人来生火做饭。不一会儿,饭熟了,大家守着一口大锅饱餐一顿,却发现锅里的饭不见减少。众人心里暗暗称奇,但也不便询问。

饭后,船夫们感激不尽,便询问此地为何处,老人贵姓。老人笑答道:"此地是刘家岛,我姓刘。"说完,又拿出一袋食物送给他们。

第二天,风浪渐小,船员们又上岛取水,却不见昨夜那栋房屋,也不见老人的身影。这才醒悟,原来是遇到了神仙。

后来,这条船再次经过这里时,船员们又上岛寻找,岛上依然不见老人老妇和那栋房屋。为了纪念他们的救命之恩,船夫们在岛上修了一座刘公庙,并在庙内摆放着刘公刘母的泥塑双像以表感激之情。刘公庙建成后,来往的船夫每经此地,必上岛进庙祈祷。从此,刘公庙的名声越来越大,该岛也被称为刘公岛了。

⊕ 刘公岛博览园局部图

24. "老人家"

这里的"老人家"并不是说我们家里的祖父祖母、外公外婆,而是在黄海之滨一带渔民对鲸的亲切称呼。关于这个称呼,还有一个动人的传说。

在山东长岛县北城隍庙岛,有一姓刘的船主。一天,他从安东往北城隍庙岛运送石灰。因为石灰吸入海水后会发硬变沉,不小心便会沉船,所以一路上刘船主惴惴不安,很是担心。

天有不测风云,船一出安东,海面上就狂风大作,巨浪滔天,黑云密布,刘船主非常紧张。可是,他忽然发现无论海上的风浪多么厉害,他的船里却没有一滴海水。正当大家疑惑不解的时候,船主的小外甥大喊:"舅舅,舅舅,有两个'老人家'!"大家忙聚到那里低头一看,果然有两条大鲸贴着船尾一直跟着,直到船只安全靠了岸才离去。

"老人家"用这种办法救了风雨中的这条船,刘船主万分感激,逢人便说是"老人家"救了自己和大家的性命。

从此,"老人家"的故事便在民间流传开来了,渔船上各船工为了避免冲撞"老人家",在称呼姓氏前也不得加"老"字。后来,渔民也纷纷把鲸看作龙王爷的保驾大臣,认为在出海打鱼的时候若能见到"老人家",便可以获得大丰收。

25. 天蓬元帅与渤海湾

传说很久以前,渤海湾不是海,而是一块年生五谷、风调雨顺的风水宝地。

有一年,这里遭受了千年不遇的大旱,使得河水干了、地皮裂了。眼看就要把人畜全旱死,人们纷纷到龙王庙里,点燃高香,摆下供品,求龙王爷降雨。

可是,一连求了很久雨却一滴也没下。老天爷不下雨,老百姓也没办法,就骂起地方神土地佬来了:"土地,土地,你住在庙里,成年给你烧香,如今黎民百姓眼睁睁要旱死,你怎么狠心见死不救?"

土地佬被人们骂得抬不起头来,只好硬着头皮去求东海龙王。可是,东海龙王根本不把这小小的土地佬放在眼里,不但不给半点雨水,还把土地佬臭骂一顿赶了出来。

别看土地佬官小,脾气倒不小,挨了骂心里很不服,脚一跺飞上天宫,来到了灵霄宝殿,见了玉皇大帝,把事情原委讲了一遍。玉帝听完土地佬的哭诉被他打动,便派天蓬元帅帮土地佬施法降雨。玉帝命他从分管的水域中,分拨部分天水解救难民。

天蓬元帅连忙叩头领旨,起身出殿。可惜,天蓬水神是个见酒不要命的家伙,成天抢着个酒坛子。当他来到天水池畔时,已经喝得醉醺醺了。他刚

要提闸放水，一阵银铃般的笑声随风传来。他抬起醉眼一看，一群仙女正簇拥着嫦娥仙子飘然而至。天蓬元帅生来就有个爱看美人的毛病，见了嫦娥仙子两眼直勾勾的，犹如木雕泥塑一般。他这呆头呆脑的样子反而把嫦娥仙子给逗乐了。嫦娥仙子这一笑，把天蓬元

⬆ 天蓬元帅画像

帅的魂儿都笑跑了。他误以为嫦娥仙子对自己有意，赶忙提起天池水闸，扭身朝嫦娥仙了追去，边追边喊："嫦娥慢走，等等我。"

嫦娥仙子前面走，天蓬元帅后面追，一直追进了广寒宫。到了宫内，天蓬元帅对嫦娥仙子还是纠缠不休。嫦娥仙子提高了声调对他说："你个呆子！光顾着胡闹，你那天池还管不管了？"

天蓬元帅这才一声惊呼，想起了天池水闸，吓得他酒意全消，撒腿就往回跑。到了近前赶紧放下水闸，往下界一看，下方的渤海湾早已变成了汪洋大海。由此才引出天蓬元帅失职被贬变成了西天取经猪八戒的一段故事。此后，渤海湾也变成如今的样子了。

⬆ 嫦娥画像

26. 刘伯温与山海关

山海关，高大巍峨，人称"天下第一关"。那么，这座城是谁修的呢？

在600多年前，朱元璋做了大明朝皇帝后，下旨派元帅徐达和军师刘伯温到京城以北围城设防，限时两年，必须完成。

徐达、刘伯温二人领了旨，很快到了边塞。第二天，两人骑马登高远望，寻找筑城的地方。可是两人同行三日，刘伯温却一声不响。徐达非常不解，忙问："军师，我二人来此围城设防，一连三日，你一言不发，到底为何啊？"

刘伯温这才用马鞭指了前方说："元帅，你看，北边燕山连绵，南边渤海漫天，在此筑起雄关，真可谓一夫当关，万夫莫开。"接着刘伯温又用马鞭朝四周一指，说："元帅，这里土地肥沃，气候温和，既是个好战场，又是个好居处。"徐达一听连连叫好，当日回营，二人连夜画图，第二天派将士送往京城。朝廷准奏，立刻动工。整整干了一年零八个月，终于竣工。

这天早朝，朱元璋一看徐达、刘伯温回来了，便问："二位爱卿回京，城

⊕ 天下第一关——山海关

⤒ 朱元璋画像

池筑成,可曾命名?"

刘伯温马上说:"臣等未敢妄动。只是那座城,南入海,北依山,可谓是山海之关,万岁圣明,请恩示!"朱元璋一听,手一摆说:"好,那就叫山海关!"

从朝里回来后,刘伯温随徐达来到徐府,对徐达说:"我不能再在朝为官了,我得走了。"徐达不解地问:"你我随皇上南征北战,如今又修了山海关城,本该享荣华富贵,为什么要走呢?"

刘伯温说:"此言差矣!万岁如果让咱共享荣华,就不会派咱去边塞修筑围城,也不会只给两年期限。帝与臣,可共患难不可享江山的例子还少吗?"

一席话,说得徐达目瞪口呆,半天才说:"军师,你走了我怎么办?"刘伯温说:"你不能走,无论如何不要离开万岁左右。另外,你的孩子不能留在京城,让他们去山海关吧。那里城高池深,即使烽火连天,进有平川,退有高山,是用武之地。"徐达忙说:"就照军师的话做,明天便叫小儿去山海关。"

不久,刘伯温不辞而别,徐达按刘伯温所言寸步不离皇上,得以保住了性命,而其他开国元勋竟都糊里糊涂地死在庆功楼的火海之中。再说,徐达之子到了山海关,定居安家,香火得以留存。

27. "老龙头"

长江有源头，黄河有起点，明代万里长城的"头"就在山海关，名叫"老龙头"。它位于秦皇岛市山海关区，是明代蓟镇长城。

老龙头是蓟镇总兵戚继光奉旨修筑的。它入海七丈，当初修建起来实在是太难了。一万五千名军工，只有等海水落潮时才能抢上去修筑一阵。可是，大海无情，城墙还没修起多高，潮水一涨便被冲得七零八落；修一次，垮一回，不知修了多少天，只弄得无数生命葬身海底，戚大人也一筹莫展了。

明王朝，忠臣少，小人多。万历皇上是个十足的昏君，奸党议论说戚继光修关是劳民伤财。皇上听信奸臣的谗言，派太监做钦差到蓟州监军。这位太监公

↑ 戚继光雕像

公来到蓟州，才知道戚继光在山海关南海上修"老龙头"，立刻马不停蹄直奔山海关。全城的乡绅百姓拜见钦差大人说："敌兵常从海上入侵，'老龙头'千万不能半途而废。"钦差大人便说："圣旨期限三天，谁也改不了。"戚继光怒气难消，心里明白限期三天是假，想借口定罪是真，自己如何都无所谓，可这"老龙头"不可以半途而废。想想国家安危、百姓的生命财产，戚大人心中闷闷不乐。

这时，门帘一挑，一个打鱼老汉进了屋。这老汉是跟随戚大人的一名火头军。只见老汉把米饭、咸带鱼摆上八仙桌，说了声："大人不必烦恼，待用完饭后，我有事禀告，或许对修'老龙头'有用处。"第二天，戚大人传令全军，在退了潮的海滩上搭锅造饭。只见七里海滩，炊烟四起，火光一片。一顿饭的工夫，忽然巨浪翻滚铺天覆地涌上岸来。众军士一看，丢锅弃碗，逃得无影无踪。大潮过去后，海上恢复了平静。戚大人察看城基，竟发现岿然未动，心中很是惊奇。这时，老汉走过来，指着沙滩上一个挨一个的圆东西，让戚大人看，原来是铁锅扣在了沙滩上。老汉说："这锅扣在沙滩上，任凭风吹浪打，不移不动！"

于是，"老龙头"工程按期完工了，但是戚继光却仍旧被朝廷明升暗降，调往广东去了。

28. 葫芦岛

在辽宁省西南部有一个美丽富饶、海产丰富的半岛，叫作葫芦岛。这里春夏秋冬美景各异，而且还有一个美丽的传说。

相传，在很久以前，这里是没有半岛的。在老龙湾北岸有个小渔村，叫玉皇阁，村里有个渔霸，养着家奴打手，非常凶恶蛮横。玉皇阁有个叫于浪的小伙子，驾船使网，非常能干。

一天，于浪打鱼刚收了网，见一只海鸥趔趔趄趄着从天上栽了下来，掉在船头上。他便把海鸥带回家，医治喂养它，几天工夫，海鸥就好了。于浪放海鸥走的时候，海鸥不住地向他点头，并飞到他身边，嘴一张将一颗葫芦籽吐在于浪的手上，然后离开了。

于浪把葫芦籽拿给母亲，母亲见这颗葫芦籽饱满、圆润，便嘱咐于浪将它收好，等到春天种上。

于浪照着母亲说的做了，发现这颗葫芦籽果然与众不同：种完第二天便冒出了小芽，厚墩墩、胖乎乎的；第三天叶儿就放出来了，毛茸茸、嫩生生

的;第四天,花儿便开了,奶白的颜色,香气扑鼻。

"于浪种了一棵宝葫芦。"消息在玉皇阁一传十、十传百,传到了渔霸耳朵里去了。渔霸带着打手来到了于浪家。于浪知道渔霸是冲着宝葫芦来的,便对他说:"如今这葫芦还没有长成,是不能摘的。"

可是渔霸不甘心,便每天派打手来于浪的家,一是查看这葫芦长成什么样子了,二是盯紧于浪,以防他逃跑。正巧宝葫芦快要长成的那两天,这个打手闹肚子,于浪便趁机带着宝葫芦逃跑了。

于浪乘着小船走了很久,又饿又累睡着了。可是隔天早上,他刚醒来就发现海面上出现了十艘大船,把他团团围住。于浪一看是渔霸的船,心想渔霸船多势众,一定是敌不过的,便带着宝葫芦迎了上去。

渔霸见于浪拿着宝葫芦迎面过来,心里乐开了花,一把夺过宝葫芦。可是这宝葫芦一到渔霸的手中,就马上变大,不一会儿就大得像座山一般,将渔霸的船重重地压了下去。这葫芦继续生长,直长到了岸边和玉皇阁接上了头才停下来。

从此,老龙湾以东、玉皇阁以南,就长出了一个葫芦状的半岛,人们便叫它"葫芦岛"。

→ 葫芦岛上的葫芦雕塑

29. 辛巴达航海

《辛巴达航海故事》是世界著名民间文学作品《天方夜谭》（又名《一千零一夜》）中最具代表性的航海冒险故事。它讲述了商人辛巴达一生七次航海冒险的经历。

传说，在国王哈里发赫鲁纳·拉德执政的时候，巴格达城里有一位航海家名叫辛巴达。他曾经七次航海旅行，留下了很多传奇的故事。

辛巴达在第一次航海中，错将一条大鱼当作海岛，结果被抛进大海，幸好找到了一块大木板才幸免于难。第二次，他在一座岛上休憩，却被船长遗

↑《辛巴达航海故事》海报

忘在了岛上，他自作聪明地将自己绑在一只大鹏鸟的脚上，结果却被带入了更加危险的山谷。第三次，他来到一座猴岛，遇见每天要吃烤人肉的巨人，因为他骨瘦如柴才得以幸免。第四次，他被飓风刮落到水中，漂流了一

↓《辛巴达航海故事》动漫图

天一夜才来到一座岛上,结果遇到了食人族。当他幸运逃离后,又遭遇了一段妻子死后需要丈夫陪葬的婚姻,被扔进深井里。第五次,他被大鹏鸟袭击落入海中,等他游到海滩,又碰到了专门骑在人背上折磨人的海老头。第六次,巨浪把他的帆船掀到一座高山上,他游到一座满是沉香和龙涎香的岛上,饥饿使他几乎绝望。第七次,大船被鲸鱼袭击后触礁,他抓住一块船板才保住性命。后来,一个商会头目救了他,并将自己的女儿嫁给了他。辛巴达在这座岛上住了 27 年才和妻子返回巴格达,结束了自己漫长的海上冒险生涯。

辛巴达七次传奇式的航海经历,让他成了一位慈悲为怀、广施博济、救助穷人的航海家,他因此获得了相应的地位与财富。

30. 海洋女神欧律诺墨

西方神话中,在创世之初,天地一片混沌,欧律诺墨从混沌之海中诞生出来,于是她便掌管海洋,成了海洋女神。

可是,当欧律诺墨环顾四周时,却发现没有一片可以立足之地,便用手指划分了天宇与大洋。接着,她站在波涛汹涌的浪尖,心潮也随着海浪起伏而波动。她向着南方翩翩起舞,便刮起了南风;女神经过之处,创造了无数的新事物。

突然,女神急速转向北方,抓起产生的北风波瑞阿斯疯狂搓揉并舞动起来。在女神的狂舞下波瑞阿斯越来越大、越来越暖,于是女神造就了大蛇奥菲恩。

此后,欧律诺墨变成鸽子在大洋上筑巢,孕育并生下了宇宙蛋。在女神的吩咐下,奥菲恩盘绕宇宙蛋七天。随着轰然一声巨响,在波涛中宇宙蛋终于孵化出了万物,形成了世界。

欧律诺墨和奥菲恩住进了神圣的奥林匹斯圣山,成了新世界的主宰。但大蛇奥菲恩日渐骄纵,露出了可恶的嘴脸,一日竟狂妄地自称自己创造了宇宙,是造物主,因而惹恼了女神欧律诺墨。欧律诺墨便猛踢它的头,把它打入了深渊。

后来,欧律诺墨嫁给了宇宙之神宙斯,成了他的第三位妻子,生下了美惠三女神。美惠三女神在希腊神话中是光辉、激情和欢乐的代表。

31. 海神波塞冬

波塞冬是古希腊神话中著名的海神。他有着长长的卷发和蓝宝石般深邃的眼睛。他手持三叉戟,头戴海草王冠,是天神宙斯、天后赫拉和冥王哈得斯的兄弟。

当年他和哈得斯一起协助宙斯推翻了克罗诺斯的统治,因此宙斯将海洋交给波塞冬统治。波塞冬生性潇洒,自由随性。他将居住的宫殿打造得富丽堂皇、五光十色,里面有各种珍奇的珠宝,绚丽无比。

实际上,波塞冬的内心并不像他表现的那么洒脱。他虽然身居深海,却时时觊觎着宙斯的位子,渴望推翻他的统治,取而代之,称霸世界。后来他便同赫拉、雅典娜密谋造反。阴谋被识破后,宙斯罚他和阿波罗去修建特洛伊城墙。波塞冬虽然心有不甘,但依然恪尽职守、一丝不苟。特洛伊的国王拉奥墨冬答应他,只要城墙修好便给他相应的报酬。可是当波塞冬辛辛苦苦工作 12 个月将城墙修好后,拉奥墨冬却食言,还扬言要割掉波塞冬和阿波罗的耳朵。波塞冬无法忍受,决心报仇。

他先是在特洛伊的海里造了一个海怪。海怪凶狠威猛,所到之处,所有生灵荡然无存。最后,拉奥墨冬只得将自己的女儿赫西饿涅献出来平息波塞冬的怒火。然而在特洛伊战争中,波塞冬并没有原谅拉奥墨冬,他又坚决地站在阿尔戈斯人的一边,并帮助他们打败了特洛伊人。

波塞冬作为人神同形同性的海神,有着崇尚自由、富于冒险的情怀;同时,他的身上还有着好斗、贪婪的弱点。他如同海洋一般,既有静谧安恬的时刻,风平浪静,一望无垠;也有汹涌澎湃、波涛翻滚的时刻,地震海啸,摄人心魂。

◐ 海神波塞冬雕像

32. 亚特兰蒂斯王国

在漆黑的海洋深处，有一座毁灭已久的古城——亚特兰蒂斯。

传说，创建亚特兰蒂斯王国的是希腊神话中的海神波塞冬。荒凉广袤的大西洲本是一个不起眼的孤岛，孤岛上有位父母双亡的少女。她美丽非凡，深深地吸引了降临凡间的波塞冬。波塞冬娶了这位少女并生了五对双胞胎。于是，波塞冬便将整座岛划分为十个区，分别让十个儿子来统治，而长子亚特兰蒂斯当然也就以盟主的身份成为王中之王了。这座岛屿也以第一代国王亚特兰蒂斯之名，被称为亚特兰蒂斯王国。

在亚特兰蒂斯的掌管下，整个国家保持着繁荣与富裕，而且居住于此的人民也很温和、贤明，凡事以德为尊。可是，随着时光的逝去，他的十个儿子先后辞世，后世子孙们的野心日益强大，感情也因岁月的冲刷而变得日渐疏远。世代的更替，那些曾经崇高的思想也日渐淡薄，终于有一天，军队越过直布罗陀海峡开始侵略他国。

勇敢的古雅典人誓死抵抗亚特兰蒂斯的进攻。激战后，雅典人击退了亚特兰蒂斯的军队，保卫了自由，但未知的恶运却即将来临。

就在两军纷纷撤回、准备休整军队之时，忽然爆发了恐怖的地震和洪水，天塌地陷，雅典的军队一夜之间就陷入地下，而亚特兰蒂斯岛也沉没于海中。从此，亚特兰蒂斯王国便成为海洋深处一个神秘的传说。

33.《老人与海》

《老人与海》是美国 20 世纪小说家欧内斯特·海明威的代表作。海明威也凭借这一作品荣获了举世瞩目的普利策奖和诺贝尔文学奖。

小说塑造了一位名叫桑提亚哥的老人。他一生与大海抗争，以捕鱼为生，年轻时捕鱼技能高超，深受尊重，然而，进入老年的他却常常捕不到鱼。

这一次，他已经连续 84 天没有捕到一条鱼了；他身边唯一的朋友——男孩曼诺林也被父亲拉走了，老人陷入了孤独的境地。但是，老人没有畏缩退却，没有被眼前的困境吓倒。在第 85 天时，他又一次扬起那用面粉袋补了又补的破帆，带着自己的工具驾船出海了。

这次他去了更远的海域，在那里遇到了一条大马林鱼，并最终制服了它。当老人心满意足地拖着大鱼回家时，在途中却遭遇了鲨鱼的袭击。凶猛的鲨鱼紧紧跟着老人的渔船，老人却无能为力，只能眼睁睁地看着它们把大鱼撕咬得只剩下一副鱼骨。

↑《老人与海》剧照

虽然如此，老人依然感到骄傲。当他拖着沉重的脚步回到家中睡着时，他梦到一只威武雄壮的狮子，在非洲金色的海岸上嬉戏打闹，不远处白浪翻滚，波光粼粼。他想起了在巨浪间博弈的帆船，嘴角露出了一丝丝笑容。

《老人与海》充分表达了作者始终坚守的人在"重压下的优雅风度"，并始终尊重和敬仰万物的灵性和尊严，也将作者的创作事业推向了高峰。

34.《海底两万里》

《海底两万里》是 19 世纪法国著名海洋科幻小说家和冒险家儒勒·凡尔纳的代表作。

↑《海底两万里》封面

《海底两万里》讲述了一艘名为"鹦鹉螺"号的潜艇的故事。1866 年，海面上忽然出现了一个巨怪，它威力无比，能将一艘大海轮的船身钻出一个缺口，这引起了社会各界的恐慌。为此，美国政府决定派一支远征队清除巨怪。法国生物学家阿龙纳斯教授和仆人康赛尔以及加拿大捕鲸专家尼德·兰参加了远征队，一起登上了远征战舰。

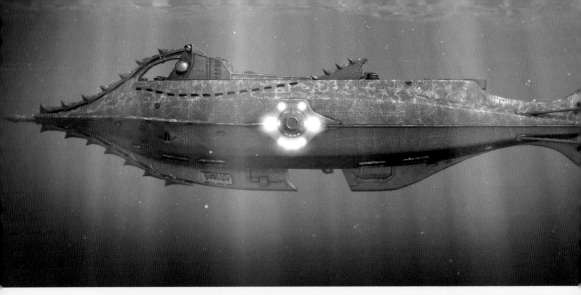

↑ "鹦鹉螺"号潜艇模型

　　经过了长达 3 个月的追捕，巨怪终于露面了。然而无论是炮弹还是鲸鱼叉都对巨怪无济于事，巨怪射出两股巨大的水流将阿龙纳斯、康赛尔和尼德·兰一起冲进了海中。

　　当他们醒来的时候，才发现自己已经在这个巨怪的背上了，而这个巨怪也并不是什么巨鲸，而是一艘名为"鹦鹉螺"号的潜艇。船长尼摩害怕他们泄漏自己的秘密，于是将他们软禁了起来。这三人便随着"鹦鹉螺"号进行了近 10 个月的海底两万里的环球航行。航行中，他们领略了无与伦比的海底奇观和波澜壮阔的神秘海洋，以及令人称奇的海底生物。但同时，他们也历尽艰难，有时遇到冰山，有时又被章鱼围攻，有时还被敌舰偷袭。幸运的是，这些都被尼摩船长过人的智慧和先进的科技战胜了。

　　但是最后，阿龙纳斯因无法忍受尼摩对一艘不明船只的疯狂报复，和同伴一起逃离了潜艇重返陆地，结束了他们惊心动魄的海底两万里的传奇冒险。

　　《海底两万里》是海洋科幻小说中的领军之作，也是机器革命时期带给文学界的一份厚重大礼。令人称奇的是，凡尔纳小说中的许多奇幻想象和大胆预言都在以后变成了现实。

35. 白鲸莫比·迪克与船长亚哈

《白鲸》是美国作家赫尔曼·麦尔维尔于 1851 年发表的一部海洋题材的小说,是作者的代表作品。

"裴廊德"号捕鲸船的船长亚哈是一个行船经验非常丰富并且敢于与世俗作斗争的船长,有着几十年的航海经验,无数条鲸鱼被他刺中。当面临危险和困难时,他勇往直前,毫不畏惧。同时,他还有着崇高的品格和大海般宽阔的胸怀。但是,在一次捕鲸过程中,他被凶残的白鲸莫比·迪克咬掉了一条腿,因此他满怀复仇之念,一心想追捕这条白鲸,竟至失去理性,变成一个独断独行的偏执狂。

从此以后,亚哈与大海斗争了整整 40 年,他的船几乎游遍了全世界。他虽然屡遭失败,但从未低头,历经辗转,终于与莫比·迪克相遇。经过三天追踪,他用鱼叉击中白鲸,但他的船也被白鲸撞破,亚哈被鱼叉上的绳子缠住带入海中。全船人落海,只有水手以实玛利一人得救。

⬆《白鲸》电影海报局部

小说既描写了捕鲸航海冒险的刺激和神秘,也叙述了捕鲸船上的丰富生活,同时还展示了亚哈船长和"裴廊德"号捕鲸船的悲惨结局。

麦尔维尔的《白鲸》与福克纳的《熊》以及海明威的《老人与海》,一起被誉为美国文学史上的三大动物史诗,受到国内外读者的喜爱。

36. 小美人鱼

在蔚蓝的大海深处住着一个漂亮的小美人鱼。

小美人鱼从小就憧憬着大海外面的世界。她有个心愿,就是可以像姐姐们一样浮到海面上去看看人间。15 岁的时候,小美人鱼第一次被允许浮出海面,恰巧遇到了一场风暴。风暴中,她救起了海上落难的王子,并不由自主地爱上了他。回到海中后,她迫切地渴望能够到岸上再次见到自己的心上人。于是,小美人鱼向海底的巫婆求助,请求她给自己两条像人类一样可以自由行走的腿。巫婆告诉她必须要用自己甜美的声音作为交换,而且如果她到了人间后无法得到王子的爱,在王子结婚的第二天清晨就会变成海里的泡沫。

尽管如此,小美人鱼还是义无反顾地吃下了巫婆给她的药,漂亮的鱼尾马上变成两条纤细的腿。可当她站起来,每走一步都如同踩在刀刃上一般疼痛。王子在宫殿前发现了小美人鱼,把她带回了王宫。王子虽然也喜欢她,但是最终却迎娶了邻国的一位公主,因为他误认为那位公主是他在海难中的救命恩人。在婚礼的当晚,小美人鱼的姐姐们用自己的长发在巫婆那里换了一把短刀,只要小美人鱼用它刺死王子,让他的血流到自己的腿上,她便会恢复到原来的样子。但是善良美丽的小美人鱼无论如何也不忍心去伤害自己心爱的王子。她将短刀投入了大海,在朝阳初露晨光挥洒海面时,小美人鱼变成了一串美丽的泡沫,永远消失在大海中。

◑ 位于丹麦的美人鱼雕像

37. 爱琴海名称的由来

在远古时代,有位国王叫弥诺斯,他统治着爱琴海一个叫克里特的岛屿。弥诺斯的儿子在雅典被人谋害,为了替儿子复仇,弥诺斯向雅典发起了战争,雅典充满灾荒和瘟疫,于是雅典人便向弥诺斯王求和。弥诺斯要求他们每隔 9 年送 7 对童男童女到克里特岛。

弥诺斯在克里特岛建造了一座迷宫,迷宫中道路曲折、纵横交错,谁进去都很难出来。在迷宫的深处,弥诺斯养了一只人身牛头的野兽——米诺牛。雅典每次送来的 7 对童男童女都会供奉给米诺牛吃。

这一年,又是供奉童男童女的年头了,有男童女童的家长们都惶恐不安。雅典的国王爱琴的儿子忒修斯看到人们遭受这样的不幸,深深地感到不安。他决心和童男童女们一起出发,杀死米诺牛。

雅典民众在一片悲哀的哭泣声中,送别包括忒修斯在内的 7 对童男童女。忒修斯和父亲约定:如果杀死米诺牛,他在返航时就把船上的黑帆变成白帆。只要船上的黑帆变成白帆,就证明雅典国王能再见到自己的儿子忒修斯了。

⤵ 爱琴海

　　忒修斯领着童男童女在克里特上岸了，他的英俊潇洒引起了弥诺斯女儿的注意。弥诺斯的女儿阿里阿德涅公主美丽聪明，公主向忒修斯表示了自己的爱慕之情，并偷偷和他相会。当她知道忒修斯的使命后，她便送给他一把魔剑和一个线球，以免忒修斯受到米诺牛的伤害。

　　聪明而勇敢的忒修斯一进入迷宫，就将线球的一端拴在迷宫的入口处，然后放开线球，沿着曲折复杂的通道，向迷宫深处走去。最后，他找到了怪物米诺牛。他抓住米诺牛的角，用阿里阿德涅公主给的剑，奋力杀死米诺牛，然后带着童男童女，顺着线路走出了迷宫。为了预防弥诺斯国王的追击，他们凿穿了海边所有克里特船的船底。阿里阿德涅公主帮助他们，并和他们一起逃出了克里特岛。

　　经过几天的航行，终于又看到了雅典。忒修斯和他的伙伴兴奋无比，又唱又跳，却忘了和父亲的约定，没有把黑帆改成白帆。翘首等待儿子归来的雅典国王在海边等待儿子的归来，当看到归来的船挂的仍是黑帆时，以为儿子已被米诺牛吃了，他悲痛欲绝，跳海自杀了。为了纪念雅典国王，他跳入的那片海，从此就叫爱琴海。

38.《鲁滨孙漂流记》

《鲁滨孙漂流记》是英国作家丹尼尔·笛福的代表作,讲述了主人公追求自由、勇于冒险、荒岛求生、重返故土的传奇经历。

书中的主人公鲁滨孙出生在一个体面的商人家庭,他从小渴望探险,有着遨游四海的梦想。长大后他因无法接受父亲给他安排好的生活,违背父命,去航海。

然而第一次出海,鲁滨孙就遇到了暴风雨,船只沉没,他侥幸逃过一劫。第二次出海,他赚了大钱,学到了不少有关航海的知识。

↑《鲁滨孙漂流记》封面

第三次他又遭不幸,被海盗摩尔人俘获当了奴隶。后来他得以逃跑,途中被一艘葡萄牙货船救起。到巴西后,他在那里买下一个庄园做了庄园主,开始经营种植园。为了解决劳动力的问题,他开始了第四次航海,去非洲购买黑奴。然而,在途中,船遇风暴触礁,船上的水手乘客全部遇难,唯有鲁滨孙幸存,只身漂流到一个杳无人烟的孤岛上。他的身上只有一把刀、一个烟斗和一匣烟叶。他用沉船的桅杆做成木筏,一次又一次地把船上的食物、衣服、枪支弹药、工具等运到岸上,并在小山边搭起帐篷,用削尖的木桩在帐篷周围围上栅栏。他用简单的工具制作桌椅等家具,猎野味为食,寻小溪饮水。接着,他又用在船上搜集到的种子种粮食,用船的碎片盖房子,将野生的山羊驯化为家畜。他在荒岛上建起了自己的庄园。

后来,鲁滨孙还解救出一个土著人,并给他取名为"星期五"。鲁滨孙帮助一位路过此地的船长制服了叛变的水手。船长为了感谢他,将他带回了阔别已久的故土。

回到英国后，他在别人的劝说下结了婚，生了三个孩子。然而他心中却一直向往着自由与冒险。在妻子死后，鲁滨孙又一次出海，路经他住过的荒岛发现留在岛上的水手和西班牙人

⬆ 绘图中的鲁滨孙和"星期五"

都已在那里安家。鲁滨孙又送去一些新的移民，将岛上的土地分给他们，并留给他们各种日用必需品，最后满意地离开了小岛。

第二部分

海洋历史故事

　　翻开古今中外的历史画卷,一个个瑰丽动人的海洋故事展现在眼前,从美丽蜿蜒的海上丝绸之路,到浩浩荡荡的郑和下西洋;从神秘莫测的"黑珍珠"号,到英勇激烈的英荷海战;从"大海国"宏伟的思想,到鱼雷、潜艇的诞生。这些海洋故事都浓缩成历史的沉淀,推动着我们勇敢前行。在峥嵘的岁月里,时光见证海洋的荣辱与兴衰;在历史的记忆中,潮汐抚平人们的失落与创伤。让我们一起翻开这些被时光珍藏的故事,一一细数、回望。

39. 田横与五百壮士

田横本是我国古代著名的义士。据说秦末,陈胜、吴广起义抗秦后,田氏兄弟也乘机举事反秦,他们占领齐都,兄长田儋自立为齐王。后来田氏其他兄弟在征战中相继去世,田横便辅佐田广为齐王,广纳贤才。

公元前203年,汉王刘邦派人游说田横,劝他归降汉军,田横应允,也解除了对汉军的戒备。后来汉军忽然反悔,突袭齐国,迫使田横和齐王田广逃往外地。田广后来被杀,田横无奈,自立为齐王。公元前202年,刘邦在灭楚后建立了西汉王朝并称帝。田横担忧刘邦报复,便率领部下500多人在混战中逃到了一座海岛上避难。

汉高祖担心田横日后为患,便下诏:如果田横来投降,便可封王或侯;如果不来,便派兵去把岛上的人全部灭掉。为了保住岛上500多人的生命,田横佯装答应,便带了两个部下离开海岛,向汉高祖的京城进发。临别时海浪怒吼,海风呼啸,五百壮士送别田横,场面无比悲壮。

↑ 田横雕像

这一天,在离京城洛阳还有30多里的一处驿站,田横对使者说:"当初我与汉王一起称王,如今他贵为天子,而我成了亡命之徒,还要称臣于他,真是莫大的耻辱啊。"说着他便面向东方故土,遥拜齐国山河,挥剑自刎,死前嘱咐同行的两个部下拿他的头去见汉高祖,表示自己不受投降的屈辱,但希望保存岛上500人的生命。

汉高祖听说田横自刎一事后很受触动,便用王制礼仪葬他,并封那两个部下做了都尉,但那两个部下在埋葬田横时,也自杀在田横的墓穴旁。汉高祖又马上派人去招降岛上的500人,但他们听到田横自刎之事,痛心悲愤,纷纷赴海而死。

田横与500多名壮士虽然死去了,但他们英勇不屈的精神永远留存在了人们的心中。当年田横与五百壮士避难的海岛如今被人们称为田横岛(位于青岛即墨),成为世世代代祭奠怀念英雄的地方。

40. 贝丘不语话沧桑

绵长的大海边，金色的沙滩在阳光的照耀下闪烁着灵动的光辉。这时，人们总会被那些五彩斑斓、形态各异的贝壳所吸引。自古以来，美丽的贝壳便和人类的生活息息相关。随着历史的沉淀、时光的推移、风雨的打磨，它们形成了古老而神秘的贝丘文化。

⬆ 白石村遗址

1981年，考古人员在对渤海畔胶东半岛白石村遗址的发掘中，发现了210多个房子柱洞，说明当时这里的人们已经摆脱了窝棚或洞穴生活，掌握了较先进的房屋筑造技术，也使这里成为最早发现的贝丘遗址所在；通过对贝丘的研究又发现了它是最早的新石器文化遗址。另外，在胶东地区离海不远的丘岗高地还发现了牟平蛤堆顶、福山邱家庄、蓬莱南王绪等重要的贝丘遗址。通过贝丘文化的研究，既能够了解远古人类工具的使用、食物的取材，以及人们对于海洋的认识和利用，又能够探索了解到历史发展演变的进程。

辉煌的贝丘文化，默默不语，静静见证着渤海的变迁，从沧海变幻为桑田，从桑田蜕变为沧海，一道道美丽的印迹刻画着渤海文明的浮沉，将历史的风云变幻、先人的辛勤劳作浓缩在累积成山的贝壳当中，展现给我们一幅幅壮美的海洋图景。

41. 徐福东渡

公元前219年(秦始皇二十八年),秦始皇为了寻找长生不老之药,派徐福率领数千童男童女,入海求仙人。

然而,徐福从琅琊港一带出航,沿着朝鲜半岛西海岸南下,并没有找到长生不老仙药,于是沿着原路又返回了琅琊。徐福知道此次无功而返难逃一死,便主动拜见秦王,巧妙地回答了出海求仙的事情。他自称见到了海神,海神以礼物太薄而拒绝了给予仙药的请求。

秦始皇深信不疑,便增派童男童女、工匠、技师,并带上谷物种子,令徐福于公元前210年再次出海。

这一次,徐福从登州湾出发,率领船队浩浩荡荡扬帆而去,渡过长山列岛、庙岛群岛,沿辽东半岛东南向东抵达鸭绿江入海口,经过朝鲜半岛西海岸南下,发现并进驻了济州岛,后来又向东到达了今天日本的九州岛。徐福的这次东渡,不仅没能带回长生不老的仙药,反而一去不复返,再也没有回秦国。

那么,徐福到底去哪里了呢?有人说,徐福去了日本,他带去的童男童女在那里繁衍生息,劳作生活,推动了日本的社会进步,使日本走向文明。也有人说徐福其实去了更远的美洲,并在那里定居,成为美洲印第安人的祖先。

徐福东渡的故事,成了历史上难解的谜团,但同时也是中国航海史上的壮举,成为一段佳话,被世人广为传颂。

🔙 徐福雕像

42. 海上丝绸之路

千百年来，一条道路如同蜿蜒美丽的丝带，历经高山和沙漠，传递着一个国家的文明和友好，我们称它为"丝绸之路"。而在蔚蓝的海洋中，也有着这样一条曲折辉煌的文明之路，它随着晨曦曙光辉映、夜畔星光闪烁，承载着勇敢与希冀。这就是海上丝绸之路，又名海上陶瓷之路，是陆上丝绸之路的延伸。

海上丝绸之路主要分东海航线和南海航线，形成于秦汉时期，发展于三国时期，繁荣于唐宋时期，转变于明清时期，是已知的最为古老的海上航线。公元 3 世纪 30 年代起，广州成为海上丝绸之路的主港；宋末至元代时泉州超越广州，与埃及的亚历山大港并称为"世界大港"。15 世纪初郑和下西洋，海上丝绸之路的发展达到了鼎盛时期，这支队伍足迹遍布亚非 30 多个国家和地区。明初海禁加之战乱影响，泉州港逐渐衰落，漳州港兴起。

海上丝绸之路是古代海上交通大动脉。自汉朝开始，中国与马来半岛

⊕ 漳州港

就已有接触，唐代之后，来往更加密切。海上通道在隋唐时运送的大宗货物是丝绸，所以大家都把这条连接东西方的海道叫作"海上丝

↑ 南宋古船"南海一号"模型

绸之路"。到了宋元时期，瓷器的出口渐渐成为主要货物，因此，人们也把它叫作"海上陶瓷之路"。同时，还由于输入的商品历来是以香料为主，因此还把它称作"海上香料之路"。

这条海上丝绸之路为古代海上贸易起到了巨大的作用，同时也促进了文化和文明的传播和发展，对沿线各国都产生了不小的影响。

43. 鉴真东渡

唐朝时，高僧鉴真(688—763)不畏艰险东渡日本，讲授佛学理论，传播博大精深的中国文化，促进了日本佛学、医学、建筑和雕塑水平的提高，受到中日两国人民和佛学界的尊敬。

鉴真幼年刻苦好学，中年以后便成为很有学问的和尚。公元742年，他应日本僧人邀请，先后6次东渡，历经千辛万苦终于在第六次到达日本。鉴真在东渡日本的过程中，遇到了很多的艰难险阻，其中第五次东渡最为悲壮。那一年鉴真已经60岁了，船队从扬州出发，刚到狼山（今江苏南通）附近，就遇到狂风巨浪，在一个小岛避风。一个月后再次起航，走到舟山群岛时，又遇大浪。第三次起航时，风浪更大，向南漂流了14天，靠吃生米、饮海水度日，最后在海南岛南部靠岸。归途中，鉴真因长途跋涉，过度操劳，不幸身染重病，双目失明。

鉴真最后一次东渡也并非一帆风顺。正当船队扬帆起航时，一只野鸭忽然落在一艘船的船头上。鉴真认为江滩芦苇丛生，船队惊飞野鸭是很平常的事情，而日本遣唐使却认为这是不祥的征兆，于是船队调头返回，第二天重新起航。

754年，鉴真终于到达日本。他留居日本10年，专心传播唐朝多方面的文化成就。他带去了大量书籍文物；同去的人，有懂艺术的，有懂医学的，他们也把自己的所学用于日本。鉴真根据中国唐代寺院建筑的样式，为日本精心设计了唐招提寺。两年后，唐招提寺建成，成为日本著名的佛教建筑。鉴真死后，其弟子为他制作的坐像，至今仍供奉在寺中。

↑ 鉴真画像

44. 郑和七下西洋

↑ 郑和雕像

明成祖朱棣通过战争，从其侄子建文帝手中夺取了皇位。朱棣急于向海外邦交宣扬大明国威，同时暗访建文帝的下落，决定以举国之力支持航海事业。

郑和 10 岁时便入朝做了太监，一直侍奉在朱棣身边，他忠诚勇敢，值得信赖。

1405 年 6 月，朱棣命郑和第一次下西洋，到达爪哇岛上的麻喏歇国。当时，这个国家的东王、西王正在内战，郑和的船员上岸到集市做生意，被西王认为是东王援军而误杀了 170 余人。郑和部下的军官纷纷请战，按常理将会发生一场大规模战斗。西王十分害怕，派使者谢罪，表示愿赔偿 6 万两黄金。郑和得知这是一场误杀后，鉴于西王请罪，便向朝廷请示和平处理。明王朝决定放弃麻喏歇国的谢罪赔偿，西王十分敬佩，两国人民的传统友谊由此源远流长。

而后郑和又持续下西洋六次，在前后 28 年中，访问了爪哇、苏门答腊、苏禄、古里、暹罗、阿丹、天方、左法尔等 30 多个位于西太平洋和印度洋的国家和地区，最远曾达非洲东岸、红海、麦加，并有可能到过美洲。

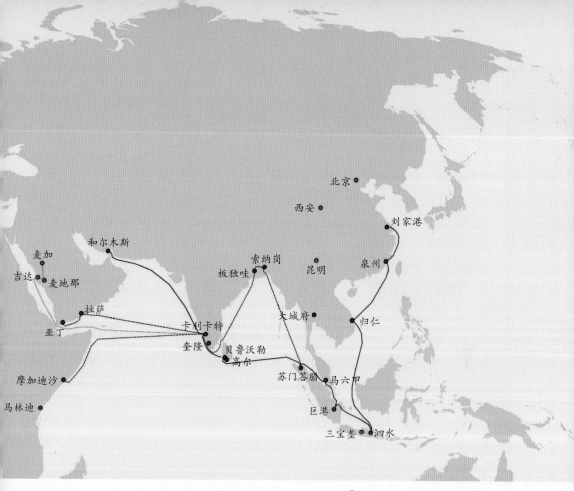

↑ 郑和下西洋部分路线图

郑和每到一处，都赠给各国厚礼，以示友好。船队带去大量的丝绸、瓷器等，其中很多至今仍作为艺术珍品陈列在这些国家的博物馆中。回航时，该国派使者同来，并带来了各种珍宝特产朝贡明朝皇帝，主要有胡椒、香料以及波斯马等。

直到 1433 年，郑和先后出使西洋七次，展现了明朝的大国国威，也彰显了与邻国和平共处、以和为贵的传统礼仪和中华文明，同时促进了海外贸易的沟通交流和外交事业的蓬勃发展。

45. 基隆保卫战

⬆ 刘铭传像

清朝末年,泱泱中华陷入列强的虎视眈眈之中,乌云笼罩着整个国家。

1884年5月,法国舰队闯入我国领海,企图占领我国台湾,台湾岌岌可危。清政府十分惶恐,急忙召见李鸿章手下的一名猛将——刘铭传。刘铭传临危受命,担任巡抚,督办台湾军务。他带领100多名亲兵,担负起抗击法国入侵者、保卫我国宝岛台湾的重任。

1884年7月16日,刘铭传风雨兼程抵达基隆,没有休息便开始巡视要塞炮台,检查军事设备,为保卫战做准备。此时的东海上空早已是乌云密布,山雨欲来。在刘铭传到达基隆后的第15天,中法战争爆发了。

次月,法国军舰直逼基隆港,将大炮对准了这片美丽的土地,摧毁了无数清军炮垒和营房,基隆危在旦夕。刘铭传挂帅亲征,清军奋勇从各地进行反击,逐渐缩小了包围圈。经过激战,法军伤亡惨重,狼狈逃走。首战告捷,大大鼓舞了中方的士气。

而后,法军又发动大量部队进攻沪尾,刘铭传在兵少弹缺、援兵受阻的情况下,依然丝毫没有退却,决心血战到底。

为了抵御侵略者,他利用台湾多山地形,筑长墙,挖巨洞,进行持久战,并积极发动当地百姓支援战争。当时,台湾军民同仇敌忾,形成了全民保台的局面。他们顽强地坚持战斗,苦战数月,终于在1885年6月9日,《中法会订越南条约十款》在天津正式签订。法军撤出基隆、澎湖,并撤销了对中国海面的封锁。

基隆保卫战,打出了中国人民保家卫国的气势,同时也让刘铭传这位民族英雄的形象永远地留在人们心中。

46. 甲午黄海海战

1894 年 8 月 1 日，中国和日本同时向对方宣战。以光绪为首的主战派马上致电李鸿章要求其主动出海寻找日本军舰决战。而李鸿章等人根本没有制定对日作战方针，只是采取消极的防御方针。

1894 年 9 月 1 日，丁汝昌率领北洋水师主力部队 18 艘舰艇从威海港驶抵大连湾，其中铁甲舰"定远"号、"镇远"号是远东最大的军舰。

1894 年 9 月 17 日 10 时，"定远"号的瞭望

↑ 丁汝昌像

哨发现了从海洋岛方向前来袭击的日本舰队，日军旗舰"松岛"号等 12 艘联合战舰迎面驶来。鸭绿江口外海海域，集中了两国几乎全部主力舰艇。世界上第一次近代铁甲舰队之间的大编队作战由此开始了。

12 时 50 分，双方舰队在海面上对峙，北洋水师"定远"号首先开炮。日本联合舰队第一游击队在距北洋水师 5000 米处即向左转弯，航向北洋水师右翼随即发炮还击。"定远"号主桅中弹，在飞桥上督战的丁汝昌身负重伤，但他仍然坚持坐在甲板上指挥战斗，鼓励官兵英勇杀敌，但因信号装置被毁，很快被日军旗舰洞穿多个舱室，击毁我方主炮和鱼雷发射管，毙伤多人。

随后，北洋舰队"定远"号中弹起火。而后日军第一游击队集中打击北洋舰队突前的"致远"号。"致远"号舰长邓世昌挺立在指挥台上，英勇作战。当"定远"号桅杆折断、帅旗坠海时，邓世昌指挥舰艇开足马力驶于"定远"号之前，吸引敌方火力，为其掩护，重陷敌阵，决心撞击敌舰，不幸被弹药击中沉没，英勇殉国。

接着，北洋舰队"靖远"号、"来远"号受伤退向大鹿岛，"经远"号沉没。日本联合舰队发出"停止战斗"的信号，中方四艘主要战舰沉毁，其余战舰也损伤较大，甲午海战以中方失败而告终。

47. 大沽口炮台

大沽口炮台位于天津市海河与渤海交汇的地方。

1858年5月20日,帝国主义侵略者发动了震惊中外的大沽口战役,大沽口炮台首次迎战。为了赢得战争的胜利,英法联军共派出了6艘炮艇和近千人的陆战部队,偷偷从大沽口炮台的侧面登陆,但很快被清军发现,一场激战就此展开。清军损失惨重,然而此时,直隶总督谭廷襄等人却不顾国家命运仓皇逃跑。由于军心不稳,战局急转直下。最终,南边炮台失守。英法联军趁机将战火蔓延,迫使清政府签订了丧权辱国的《天津条约》。

经过战争硝烟的洗礼后,大沽口炮台全面整修。但是,1859年6月,大沽口再次迎来挑战,英法联军聚于此,准备入侵北京。这一次,面对英法联军的舰艇和装备精良的陆战队,大沽口炮台的守军并不畏惧,在僧格林沁的指挥下,齐心协力地予以猛烈回击。最终,英法联军死伤过半退出炮台,但战火并没有就此止步。接下来,英法联军采用迂回战术,占领了清军防守薄弱的北塘,而后借着阿姆斯特朗大炮的威力占领了新河与塘沽,并向大沽口炮台发动了猛烈的进攻。虽然守军誓死坚持战斗,但是敌强我弱的不利局势最终使得大沽口炮台无

力回天,完全沦陷,清政府无奈同英法联军签订了《北京条约》,天津被迫成了通商口岸。

40余年后,蓄谋已久的八国联军侵华战争又爆发了。在沙俄海军将领的指挥下,各国海军联合对大沽口炮台发起了进攻。最终清军守将罗荣壮烈牺牲,大沽口炮台沦陷。此后,天津沦陷,大片河山失守,清政府被迫签订了丧权辱国的《辛丑条约》,中国进入了最为黑暗沉重的时期。

大沽口炮台这一处历史重地,曾经的热闹喧嚣,曾经的战火硝烟,最终只化为海畔一堆废墟,化成历史深处一声缥缈的叹息。

↑ 大沽口炮台

↑《辛丑条约》签订时的合影

48."大海国"的宏伟思想

19世纪,中国的有识之士魏源在《海国图志》一书中就提出"开眼看世界",认为国家之大,不仅在于它陆地疆域的广袤,更应当以大陆为核心,穿过东南沿海及太平

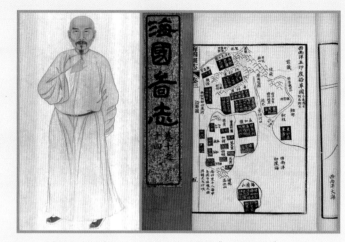

↑ 魏源画像　　　　↑《海国图志》

洋,通过印度洋,形成广袤的"大海国"。

《海国图志》是由于第一次鸦片战争的挫败,魏源在好友林则徐的鼓励下所写,目的是鼓励世人,抵御外敌,"师夷长技以制夷"。在这部地理著作中,包含了各地的地理山川、海洋形势以及各国概要,同时表达了浓厚的海权意识和希望创立强大海军、发展民族工业、推动国内外贸易的愿望。

魏源去世后的半个世纪里,中英战争、中法战争、中日甲午战争、八国联军侵华等接踵而来,而每一次外敌进犯都来自海上,魏源的真知灼见得到了验证,但可惜的是都是以最沉痛的方式得以验证的。

魏源的"大海国"蓝图启迪着无数的中国人,梁启超等人践行了维新运动,关注现实,倡导海权。戊戌变法失败后,梁启超借鉴日本经验在《新民丛报》上发表文章《论太平洋海权及中国前途》,这是体现他海洋思想的代表作品。

维新运动虽然失败了,却开始让中国人有了海洋思想和海洋意识。"大海国"的梦想激励着近代无数爱国志士前仆后继,对海洋思想进行不断的思索和创新,并永远印刻在中国人的心中,鼓舞着一代又一代中国人努力践行。

49. 中国海军的成长

1894 年中日甲午海战,北洋水师由于清政府的腐败无能而全军覆灭,旧中国综合国力的积贫羸弱和国人海洋意识的淡漠缺乏,让帝国主义从海上破门而入,侵略了我国的领土,残害了我们的同胞,破坏了我们的家园,掠夺了我们的资源。

一些有识之士奋起反抗。滚滚黄海波涛,吞噬了清政府的铁甲战队,却没有淹没国人对湛蓝大海的憧憬。在国人的努力下,中国海军逐渐成长壮大,1949 年 4 月 23 日,华东军区海军领导机构在江苏泰州白马庙乡成立,人民海军诞生。而后的 60 余年里,人民海军先后建立了东海舰队、南海舰队、北海舰队,并建立和完善了水面舰艇部队、潜艇部队、海军航空兵部队、岸防兵部队和海军陆战队五大兵种。

2013 年 2 月 27 日上午,我国第一艘航空母舰"辽宁"号,完成了服役后的首次航行,正式停靠在黄海海域青岛某军港,黄海与中国海军又一次吸引了世

↑"辽宁"号

界的目光。如今中国海军已拥有核潜艇、导弹驱逐舰、航空母舰等先进装备,海军武器系统也实现了导弹化。

截止到 2013 年 6 月,新中国成立的 64 年中,中国海军在黄海海域举行了 4 次大型的海上阅兵,得到了国际社会的广泛关注和各大主流媒体的高度评价。

黄海,承载了我国海军成长的历史,彰显了我国和平、共赢的战略理念,将海军发展推向了一个新的历史高度。

↑ "蛟龙"号

50. "蛟龙"探海

一直以来,人们对海洋都怀有无穷的憧憬,希望有朝一日能够像鱼儿一样在海中畅游,或潜入海洋腹地,探寻未知的秘密。

2010年7月的一天,南海某海域晴空万里,波平浪缓。在我国自行研制的大型科考船"向阳红09"的甲板上,工作人员紧张地忙碌着。一架造型奇特的舱式机器被他们用钢缆挂起,并被吊机吊离甲板,慢慢接近水面。伴着飞舞的海浪,这架搭乘着三名潜航员的机器劈开水面,以每分钟37米的速度缓缓潜入海中。这架神奇的机器就是我国首台自主设计、自我集成研制的深海载人潜水器——"蛟龙"号。"蛟龙"号突破了3682米的世界海洋平均深度,到达3759米深的南海海底,平稳停在海底。10分钟后,"蛟龙"号传回了首张海底图片,接着潜航员将一面鲜艳的五星红旗和寓意中国载人深潜成功的龙宫标志物插到了水深3759米的海底,令国人激动不已。国旗在海底随着海水而飘舞,在鱼群和海底植物的衬托下显得格外灵动。经过9个小时的海底作业后,"蛟龙"号顺利浮出海面,中国首次载人深潜3000米级海上试验取得了圆满成功。

另外,"蛟龙"号也在不断刷新深潜数据。2012年6月,"蛟龙"号在马里亚纳海沟进行的海试中成功下潜至7062米深度并开展作业,标志着中国具备载人到达全球99.8%以上的海底进行作业的能力。

51. 神秘的"黑珍珠"号

"黑珍珠"号是影片《加勒比海盗》中的海盗船,是加勒比海上速度最快、火力最强大的船。

"黑珍珠"号原本是英国东印度贸易公司旗下的一艘贸易船,杰克被任命为该船船长,并受命从非洲运送一批货物。杰克发现这批所谓的"货物"其实是非洲奴隶,出于正义感,杰克将他们全部释放。为此,杰克被烙上了象征着海盗的"p"(Pirate)字样并被关进土耳其监狱,而"黑珍珠"号船也被贝克特下令销毁沉入大海。

出狱后的杰克,决心找回自己的船。于是他找到了"飞翔的荷兰人"号船长戴维•琼斯,请求琼斯拯救自己的船。琼斯答应了,帮助杰克救回了他的船,并重新命名为"黑珍珠"号。

↑"黑珍珠"号模型

杰克重新招募了一批船员。这批船员当时正在寻找科尔特斯传说中的宝藏。经过讨价还价,杰克同意和船员平均分配这批宝藏,而杰克的大副巴博萨劝说他和大家一起分享藏宝的地点。杰克同意了,但就在他说出藏宝地点的当晚,船员们在巴博萨的带领下发动了一场暴动,解除了杰克的船长职务,并将他抛弃到一个荒岛上。

暴动后,船员们在巴博萨的带领下找到了那批神秘的宝藏并进行了瓜分。这笔财富被船员们挥霍在了吃喝玩乐上。但是很快他们发现,这批黄金其实是被下了咒语,船员们感觉不到任何东西,月光会照出他们的本来面目:残破的衣服、近乎解体的骨架、残存的肌肉……就连"黑珍珠"号都受到了影响:尽管"黑珍珠"号本身没有被诅咒,但是由于船员的影响,"黑珍珠"号总是被一种神秘的薄雾包围。

52.称霸海战的鱼雷

鱼雷是一种水中兵器。它可从舰艇、飞机上发射,发射后自己控制航行的方向和深度,遇到敌方舰船后只要一接触就可以爆炸。

鱼雷的前身是诞生于19世纪初的"撑杆雷"。撑杆雷用一根长杆固定在小艇上,海战时小艇冲向敌舰,撑杆雷撞击敌舰产生爆炸。

1866年,在奥匈帝国工作的英国工程师R·怀特黑德发明了世界上第一条能够自动航行的水雷。由于它能像鱼一样在水中运动,因而被称为"鱼雷"。

⬆ 鱼雷发射

世界上第一条鱼雷艇是英国于1877年建造的"闪电"号。鱼雷艇研制成功后,对大型舰艇产生的威胁立刻引起了世界各国海军的注意。如何对付这种小型、灵便、快速而又具极大杀伤力的轻型海上"杀手",成为各国海军急需研究的新课题。

1887年,英国人建成一种新型舰艇,并立即加入海军服役,以应付来自法、俄两国数量众多的鱼雷艇的威胁。1892年,英国海军又建造了4艘类似的舰艇,并正式称之为"鱼雷艇驱逐舰",简称为"驱逐舰",这标志着驱逐舰历史的开始。

第二次世界大战一爆发,鱼雷艇就大显身手,在欧洲的海战中广泛使用,在其他兵力的密切配合下,执行多种战斗任务,在战争中发挥了重要的作用。

↑ 潜水艇

53. 潜水艇的诞生

在人类漫长的历史中,人类对于海洋的热情从没有减弱。同样,人类对于潜艇探索的足迹也可以追溯到很早以前。古希腊时代,著名哲人亚里士多德就记述了潜水员使用从水面上输入空气的潜水装置。欧洲文艺复兴时期,据传达·芬奇也曾经绘制了关于"水下战舰"的图纸。

人类历史上有文字记载的对潜艇进行研究的是意大利人伦纳德,他于1500年提出了"水下航行船体结构"的理论,给后人很大的启发。

半个多世纪后的1578年,英国人威廉·伯恩出版了一本关于潜艇理论的著作——《发明》。他在书中提出,要建造一艘能够潜入水中并能够随意浮出水面的潜艇。

1620年,荷兰物理学家德雷尔成功制造出一艘潜水船。整个船体像一个木柜,体内装有一只很大的羊皮囊。这艘潜水船最多可载12名水手,能够潜入水中3至5米的深度。

德雷尔的潜水船可以说是现代潜艇的雏形。1724年,俄国人叶菲姆·尼科诺夫制造了一艘能在水下航行的潜艇。

尼科诺夫是一个木匠。1718年的一天,他带着自己设计的潜艇图纸

去见彼得一世，请求允许他建造一艘能够在水下航行的船只，并得到了支持。1724年，尼科诺夫成功制造出他自己设计的潜艇。这艘潜艇由橡木、松木板、皮革等材料制成。由于密封不严，试航时刚下水就沉了，尼科诺夫本人也差点送命。彼得一世并没有因此怪罪他，而是命他继续试验。经过一番努力，他终于制成了能在水下航行的潜艇。

后来，潜水技术运用到了军事领域。美国独立战争中，美国人布希尼尔发明了一艘乌龟形的潜艇，钻到了英国战舰"鹰"号的下面，并把一颗鱼雷钉在它的船底下，可是因为调整失灵而失败了。此次行动揭开了水下战斗的序幕，成为潜艇史上首次实战的战例。

1899年，美国发明家霍兰设计并建造了世界上第一艘真正实用的潜艇，开启了现代潜艇的探索之路。

54. 英荷海战

17世纪中期,英国为了力保海上优势和殖民地,打败日益发展的商业竞争对手荷兰,曾三次挑起对荷兰的战争。

通过这三次战争,英国进一步维护了海上利益,建立了新的海上优势,同时也让荷兰的经济和海军实力受到了极大的削弱。

1652年5月,爆发了第一次英荷战争,两国舰队在多佛海峡发生冲突。英国海军封锁了多佛海峡和北海,拦截荷兰商船,荷兰则组织舰队护航。1653年8月,荷兰集中海军力量与英国决战被击败,英国取得了制海权,使依赖海洋贸易生存的荷兰经济瘫痪。1654年4月,两国签署《威斯敏斯特和约》,荷兰承认英国的海上霸主地位。

↓ 荷兰风光

1664 年爆发了第二次英荷战争，英国与荷兰争夺海外殖民地。1664 年英军攻占北美的新阿姆斯特丹，改名纽约。荷兰立即进行反击，同年 8 月攻占被英军占领的西非据点。1665 年 6 月 22 日两国再次宣战，英国舰队随后在洛斯托夫特海战中重创荷兰舰队，法国、丹麦与荷兰结成反英同盟。1666 年 5 月，经过修整恢复的荷兰舰队击败了英国舰队。8 月荷兰舰队进入泰晤士河攻打伦敦，受到英国岸炮和海军的联合打击，遭到重创，英国重获制海权。

同年 9 月 10 日伦敦发生大火，城市大部被烧毁，无力继续战争，英国试图与荷兰和谈。荷兰舰队则于次年 6 月 19 日进入泰晤士河，偷袭了伦敦，破坏了船厂，并封锁了泰晤士河口。1667 年 7 月，英国被迫签订《布雷达和约》，在贸易权上做出了让步，并重新划定了海外殖民地。

1672 年 5 月爆发了第三次英荷战争，英法联合对荷兰宣战，分别从陆地和海上发动进攻。荷兰无法抵挡法军进攻，被迫掘开海堤淹没国土，才使法军撤退。1673 年 3 月荷兰海军击退英国舰队。6 月英法联合舰队与荷兰进行了两次斯库内维尔海战，8 月法国退出战争，英荷都无力继续战争，于 1674 年 2 月签订了《威斯敏斯特和约》，战争结束。

英国通过三次战争耗尽了荷兰的贸易和海军实力，夺取了海上霸主地位，建立了海权—贸易—殖民地的帝国主义模式。

55. 利萨海战

利萨海战是意大利独立战争期间,意大利与奥地利两国舰队在亚得里亚海利萨岛附近海域进行的一场大规模海战。这场首次以蒸汽机为动力的铁甲舰之间的战斗格外引人注目,并在海战历史上留下了不可磨灭的一笔。

1866 年 6 月,普鲁士与意大利联合向奥地利进攻,前者想把德意志境内各邦都划归己有,后者则想攻克威尼斯。由此开始,意大利与奥地利之间的冲突越来越激烈。

6 月 16 日,意大利舰队派出由 11 艘装甲舰、5 艘巡航舰、3 艘炮舰组成的意大利分舰队,在佩尔萨诺海军上将率领下,从安科纳出海,企图用登陆的方式攻占设有防御工事但作为奥地利海军基地的利萨岛。

意军 7 月 18 和 19 两日对利萨岛的进攻组织得不好,没有掌握有关守岛部队的必要情报,遭到了奥军的顽强抵抗。7 月 20 日清晨,一支奥地利舰队在冯·特格特霍夫海军少将率领下前往支援守岛部队。奥地利舰队突然发起攻击,集中炮火攻击意大利舰队,但装甲舰之间的炮攻未能奏效。于是奥地利的旗舰"斐迪南·马克斯大公"号装甲舰撞击意大利的"意大利国王"号装甲舰,后者连同 400 名舰员被撞沉,从而决定了这场海战的结局。另一艘意大利军舰"角力场"号被炮火击中后起火,失去战斗力,最后爆炸。

利萨海战是蒸汽装甲舰船的首次大海战。海战证明,用火炮对付有装甲的军舰已没有多大效果,以蒸汽机为动力的舰船具有高度机动性,它们能迅速变换成各种战斗队形。

56. 莱特湾海战

莱特湾海战是第二次世界大战中太平洋战场上发生在菲律宾莱特岛附近的一次海战,是海战历史上规模最大的一次海上混战。

海战发生在 1944 年 10 月 20 日至 26 日。第一天,美军一支两栖部队大举进攻菲律宾群岛中部的莱特岛,标志着莱特湾海战的爆发。同一天,日军一支部队从莱特岛东南部进入阵地,并被美军第七舰队

🔺 菲律宾风光

的潜水艇发现。日军栗田舰队于 10 月 24 日进入莱特岛东北的锡布延海,由于受到美国航空母舰的攻击,调头撤退。次日凌晨三点,日军西村少将的舰队进入苏里高海峡,正好撞到美军的作战舰队。在苏里高海峡海战中日本的"扶桑"号战列舰和"山城"号战列舰被击沉,西村战死,剩余力量向西撤退。

美国哈尔西上将接到小泽带领的航空母舰舰队到达的消息后于 10 月 25 日派他的航空母舰追击。清晨六时,小泽的舰队被美国驱逐舰的鱼雷攻击,加上天气不利,不得不转身撤出战场。

海战结束后,日本在菲律宾一带的海基与陆基航空力量被消灭,这严重削弱了日军的实力。

1944 年 12 月 20 日,美军完全攻占了莱特岛。美军在这次对日本海军的作战中取得了巨大胜利,掌握了全面的制海权和制空权,这对太平洋上以后战争的进程产生了很大的影响。日本海军则遭到毁灭性打击,不能再对美国海军构成重大威胁。

第三部分

航海探险故事

在大海广阔宁静的姿态下，还有着波涛暗涌的神秘海底，以及风云变幻的暴雨激流。在令人心生敬畏的同时，也吸引着无数英勇的探险者劈波斩浪，驶向大海深处。那么，新大陆是如何发现的？新航路是怎样开辟的？远航冒险中有哪些惊险与刺激？鱼雷、潜艇又是如何诞生的？……这些，我们都将从航海探险故事中找到答案。环球航行，南极探险，困陷海底，与死亡搏斗，与巨浪对峙，果敢冒险的探险家、航海家和科学家不畏艰险的英姿和呼风唤雨的气魄，幻化成一朵朵让人惊叹的浪花，跳动在大海之间。他们永远留在了蓝色海洋的记忆中，也同样留在了世人心中。

57. 好望角的发现

在还没有发明冰箱的年代，欧洲人储藏食物主要依赖于香料，所以来源于东方的胡椒价值很高。但是，香料、珠宝等贸易长期控制在从事陆路运输的阿拉伯商人手中。为了与东方进行贸易往来，欧洲人不得不付出高昂的代价，他们要从海上开辟一条通往亚洲的直接贸易渠道。

那时，葡萄牙作为西欧的濒海国家，多年受战争之苦，国民贫困。王室决心大力支持航海事业，从海上拓展生存空间。

约1487年，迪亚士作为葡萄牙年轻的航海家，受国王若奥二世委派，寻找非洲大陆的最南端，开辟一条通往东方的新航路。

迪亚士船队到达非洲西南海岸后，在一个岬角处遇到了大风暴，咆哮的海浪迎面扑来。船队在海上漂荡了三天三夜后，风暴终于平息。迪亚士立即命令掉头向东驶去，希望能够通过非洲海岸到达神秘的东方。但是，在继续前行的路上，迪亚士的船员们已经十分疲倦，粮食和其他用品所剩无几，他们只能怀着巨大的遗憾返回葡萄牙。

在返航途中，迪亚士的船队再一次经过遇到风暴的那个岬角，此时却是风和日丽，风平浪静。迪亚士望着这个壮美岬角，感慨万分，将其取名为"风暴角"。

1488年12月，迪亚士回到里斯本，向国王报告了整个航海过程，国王听到他们发现"风暴角"的消息后，激动地说："不，它不叫风暴角，应该叫好望角，只要绕过这个风急浪高的海角，就有希望前往美丽富饶的东方了。"

此后，葡萄牙的航海事业飞速发展，很快成为海上强国。

→ 好望角

58. 哥伦布发现美洲新大陆

欧洲流行的《马可·波罗游记》中描写了让人痴迷的东方,一时间,人们认为东方是一个遍地黄金、美丽富饶的神秘之地。

前后八年的时间里,哥伦布不断向热衷于开拓海上事业的葡萄牙国王游说,希望得到航海赞助,但是一直遭受拒绝。

1492 年 1 月,西班牙女王伊萨贝拉一世率领十万大军,收复了被摩尔人控制八个世纪之久的格拉纳达。统一了西班牙后,王室将目光投向了潜力无限的海洋。

↑ 哥伦布画像

女王夫妇认同哥伦布"地圆说"理论,并任命哥伦布为海军上将和宫廷贵族。1492 年 8 月 3 日,哥伦布怀揣梦想,率领船队从西班牙帕斯洛起航了。

哥伦布的目标是向西穿越大西洋到达印度、中国,带回香料和黄金,并获得荣誉和地位。他先是沿着非洲西海岸向南行驶,小心避开了北大西洋强劲的季风,又逃离了马尾草疯长的魔鬼海域"大草原",经历了水手的失望、抱怨和反抗,最终于 10 月 12 日到达了一个生长着热带森林的海岛。哥伦布激动万分,把这个岛命名为"圣萨尔瓦多"。他们首次登陆的地方是美洲佛罗里达外缘,呈弧形的巴哈马群岛中的一个小岛。而哥伦布至死也认为自己发现的是印度群岛,并把这个岛上的土著居民叫作"印第安人"。

哥伦布获得了财富和荣誉。他也以新大陆发现者的身份被载入史册。

59. 印度贸易航道的开辟

↑ 达·迦马画像

随着西班牙和葡萄牙海上航线的不断开辟，越来越多的航海家投入到航海冒险的事业中来。

发现好望角后，葡萄牙计划再次派船队东航印度。后来知道哥伦布等人到达的地方并不是印度，葡萄牙王室决定继续东航，寻找去往印度的通道。

新上任的曼努埃尔一世对打通印度航路志在必得，他决定选择忠诚、老练的家臣达·迦马作为航海总指挥。

1497 年 7 月 8 日，达·迦马率领探险队浩浩荡荡地从里斯本港口出发了，船队沿着非洲西海岸向东南方向驶去。一路上，达·伽马苦思冥想，

↑ 绘画中的达·迦马船队

忧心忡忡。经过加那利群岛，到了大约北纬 5 度的地方，他忽然作出了一个大胆的决定，要求船队离开非洲海岸，向西南方向行驶。原来，他想到航海探险者曾经在此地遭遇过风暴，便吸取了前辈的经验教训，成功避开了几内亚湾的无风带和危险环流，避开了非洲近岸的逆流和逆风，避开了"魔鬼之域"的好望角，而且成功地利用了南太平洋的西风，顺风顺水地驶向了东方。船队在大西洋中划出了一道美丽的弧线，后人称之为"达·迦马航线"。

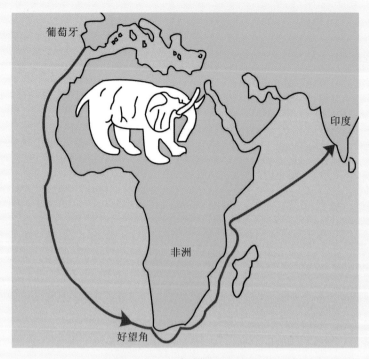

葡萄牙

印度

非洲

好望角

↑ 达·迦马 1497 年 8 月航线

　　之后,船队到达莫桑比克——阿拉伯商人控制的贸易国家。达·迦马率船队炮轰了对方的城堡,抢夺了淡水和港口商船的财物,然后继续北行。

　　1498 年 5 月 19 日,达·迦马一行到达了印度贸易名城和当时最大的通商口岸卡利卡特。在那里,货栈沿码头一线排开,商品琳琅满目,应有尽有:有胡椒、丁香、肉桂、樟脑,有金银、玛瑙、宝石、丝绸、瓷器等,一派富饶景象。葡萄牙船队的到来,不仅让印度人惊讶,更让阿拉伯商人恐慌。

　　达·迦马果断采取行动,立即绑架了 6 名印度贵族作为人质,船只和船员得以安全驶离海岸。1499 年 8 月底,达·迦马回到了里斯本,受到了英雄般的礼遇。但是, 170 多名船员只有 55 名生还,带回的丝绸、香料等获利 60 多倍。

　　自此,通往印度的贸易航道顺利开辟,同时也开始了葡萄牙疯狂的海外殖民历史。

60. 约翰·卡波特发现纽芬兰岛

1497年，威尼斯人约翰·卡波特受英格兰国王亨利七世委派，前去寻找一条通向东方的贸易路线。

5月20日，他们乘"马休"号帆船从英国布里斯托尔出发。船员共有18人，他们采用等纬度航行法，一直在52度纬线上航行。6月24日，他们发现了陆地，约翰·卡波特将其命名为"新发现的土地"。

随后，卡波特继续航行，他如同当年的哥伦布一样信心百倍地认为通向亚洲的航路已经开启，但他并未意识到自己发现了一片北美洲的新大陆，而是以为到达了中国的某地，以为这里是今天亚洲的东海岸。

↑ 卡波特画像

1498年，卡波特探寻到了北美海岸线，从巴芬岛到马里兰，这次航行对加拿大东海岸有了新的发现。7月20日，"马休"号原路返回，8月6日回到了布里斯托尔城。因为探险成功，英王奖赏了卡波特，并把"新发现的土地"改名为"纽芬兰"。

虽然纽芬兰岛的发现没有让卡波特一行真正找到通往东方的道路，但是在纽芬兰到东部海岸线附近，他们发现了约30万平方千米的纽芬兰大浅滩。这次贸易航道的发现之旅，意外地收获了丰富的渔业资源。之后，许多英格兰人不再到冰岛渔场而是到新发现的渔场捕鱼了，促进了英国渔业的发展。

61. 麦哲伦与地球的形状

如今我们已经知道了地球的形状是圆的,但天圆地方的观念却曾影响我们祖辈对地球的认知许多年。直到代表西班牙王室的葡萄牙人麦哲伦领导的伟大环球航海大事件后,地球是圆的才被证实了。

麦哲伦出身于葡萄牙一个没落的贵族家庭,年轻时参加葡萄牙海军去印度作战。他 36 岁时,在与摩洛哥的一次战斗中受伤成了瘸子。生活困难的麦哲伦回国后两次上奏国王请求晋级和增加年金,均被拒绝。他又请求允许自己率领一支船队去东印度群岛,也没有得到批准。

⬆ 麦哲伦画像

麦哲伦仍没有放弃自己的想法。此后,麦哲伦花费一年多时间广泛查阅航海资料,自制了一个地球仪,并在上面画出了设想中的环球路线,但葡萄牙国王认为此时已经控制了东方贸易,就没有理会麦哲伦。

1518 年麦哲伦来到西班牙,西班牙国王查理一世接见了他,并任命他为远征船队队长。1519 年 9 月 20 日船队起航,麦哲伦带领 270 名水手出发了。

途中,麦哲伦镇压了西班牙船长们发动的叛乱,经过了位于南美洲南端和火地岛、卡拉伦斯岛、圣伊内斯岛之间的海峡,发现了连接大西洋和太平洋的重要航道,将其命名为"麦哲伦海峡"。

↑ 有关麦哲伦海峡的老地图

　　船队继续南下，穿过海峡后，进入一片浩渺平静的海域，便将其称为"太平洋"。由于没有海图和数据，麦哲伦不知道太平洋有多大，淡水和食物没能及时得到补充，许多人得了坏死病，大量船员丧身于此。到达菲律宾群岛后，他们与当地的土著人发生了激烈的争执，麦哲伦也在混战中被毒箭射中当场死亡。

　　麦哲伦死后，德尔•卡诺船长成为临时指挥官。他们狼狈不堪，于1521年12月21日驾驶"维多利亚"号起程回国。

　　1522年9月6日，破旧不堪的"维多利亚"号帆船和绝地逢生的18名水手终于回到了塞维利亚港。经过近三年的时间，人类历史上首次环球航行得以完成。

　　麦哲伦船队的环球航行，用实践证明了地球是一个圆体，不管是从西往东，还是从东往西，毫无疑问，都可以环绕我们这个星球一周后回到原地。这在人类历史上是不可磨灭的伟大功勋。

62. 英西大海战

经过地理大发现和麦哲伦海峡的发现,西班牙的航海事业得到了极大的发展和壮大。

伊丽莎白一世时代,英国希望能有一支海上军事力量与西班牙争夺海上贸易的控制权。有着环球航行经历的航海家德雷克因此受到了英国女王的召见,并很快成为女王的亲信。

德雷克乘坐"金鹿"号从英国出发直奔美洲,一路打劫西班牙商船。

西班牙人相信只要扼守住麦哲伦海峡就万无一失。然而,德雷克进入太平洋后,便扬帆北上,沿着南美洲西海岸,一路抢掠。西班牙人根本想不到,在太平洋上会有英国海盗,所以在没有任何防备的情况下屡遭打击,被打得晕头转向。

1587 年,西班牙对英国宣战,德雷克率25 艘海盗船沿着海岸线袭击西班牙船只和港口。第二年,西班牙"无敌舰队"与英国皇家海军在英吉利海峡交战,这就是历史上著名的"英西大海战"。

↑ 德雷克塑像

德雷克率领 34 艘战舰担任前锋,指挥得当,战术先进,使得英军轻而易举地重创了西班牙军队。8 月初,剩下的西班牙舰队只好乘着风势向北逃窜,弹尽粮绝;更倒霉的是在海上接连遭遇两次大风暴,许多船只翻沉了,不少士兵、船员被风浪冲到爱尔兰西海岸,被英军杀死。此次战役,西班牙无敌舰队损失了近百艘战舰,两万多士兵葬身海底,而英国军队却一艘船都没有损失,阵亡的水手不足百人。

无敌舰队仅存的 43 艘残破战舰返回了西班牙,标志着西班牙开始衰败,而大英帝国则成为新的海洋霸主。英西大海战开启了伊丽莎白一世的盛世,也成就了德雷克的辉煌。

63. 白令海峡的发现

⬆ 白令画像

在 17 世纪和 18 世纪之交，赫赫有名的俄国彼得大帝吸取了西欧的科技和文化，对国家实行了一系列改革。同时，彼得大帝决定组织一支航海探险队开赴北太平洋，探测亚洲大陆和北美大陆之间的海域。这个任务落到了海军将领白令的肩上。白令接受任务后立即起草了探险计划，组织了俄国历史上第一支航海探险队。

很快，白令率领由 70 多人组成的探险队，踏上了艰难的征途，到达了亚洲大陆最东端附近的海面。从这里向东望去，大海烟波浩渺，白令因此确信北美洲和亚洲之间是被水隔开的。遗憾的是，那天大雾弥漫，白令没有看到对面的北美洲，因此他也不

⬇ 白令海峡

知道探险队正位于一个狭窄的海峡中。这个海峡最窄的地方只有 35 千米,如果天气晴朗,两岸可以遥遥相望。但是,因为天气的缘故,美洲大陆就这样与他们擦肩而过。

白令结束了第一次探险回到了彼得堡,海军部官员纷纷责问白令为什么不继续航行,寻找亚洲和美洲大陆之间可能存在的陆桥。这些责怪坚定了白令再次探险的决心。

1733 年,他率领庞大的探险队再一次到达堪察加半岛。1741 年,他们再次到达海峡,那天天气晴朗,阳光普照,白令站在船头,高兴地看到了海峡对岸的北美大陆,看到了圣厄来阿斯山。他带领探险队成功地从欧亚大陆到达了北美大陆。

然而在返航的途中,白令不幸得了坏血病,他四肢无力,牙龈浮肿。心力交瘁的白令死在了一个小岛上,而后剩下的船员返回了俄国。

后人为了纪念白令,把他去世所在的那个小岛命名为白令岛,把他发现的海峡命名为白令海峡,把阿留申群岛和白令海峡以南的海域命名为白令海。

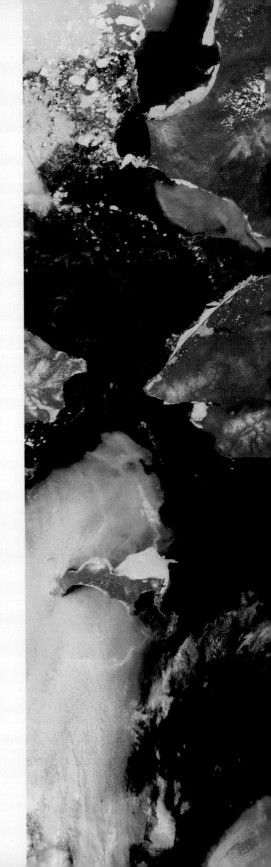

64. 库克船长发现太平洋群岛

在世界文明史上，18世纪的特点之一就是人类对地球不断深入的探索和认识。在这个世纪里绝大部分岛屿和海洋，无论是凶险多礁、宽广而原始的太平洋，还是风狂浪险、冰山如刀丛的高纬度地带，都被人类进行了考察，命了名，绘制了海图，地理上的许多空白都得到了填补。从地理学和航海学的角度看，这确实是个突飞猛进的世纪。库克船长就是那时杰出的代表人物，为太平洋群岛的发现留下了很多故事。

⬆ 库克画像

1768年8月26日，库克船长带领皇家学会的科学家从英国普利茅斯港起航，横跨整个大西洋，经过巴西，再往南绕过南美最南端的合恩角进入太平洋，继而往西发现了澳大利亚，接着北上经过爪哇岛、印度洋后，从非

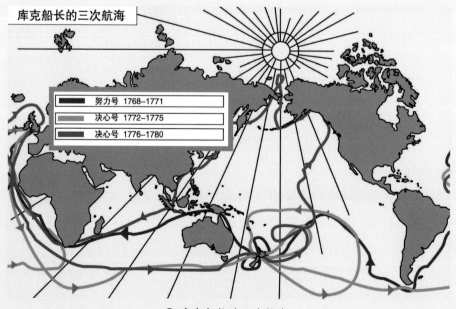

库克船长的三次航海

▅▅▅	努力号 1768－1771
▅▅▅	决心号 1772－1775
▅▅▅	决心号 1776－1780

⬆ 库克船长的三次航海

洲南端的好望角开始返航，最后在 1771 年抵达英国。

1772 年 2 月，他第二次出发，继续前往南太平洋，穿越南极圈，到达新西兰，花了大量时间探索南太平洋中散落的岛屿群。同时，他又证实了"南方大陆"是人类无法生存的冰原。而后，经过休整，库克进行了第三次远征，这次是想打通"西北航线"，即从北冰洋经过白令海进入太平洋。为了保险起见，库克还是一路南下到达新西兰，再北上考察了汤加、弗林德诸岛，途中发现了库克群岛。在塔希提岛休整后继续北上，1776 年 7 月 12 日发现了一个无人岛，将其命名为圣诞岛，此后又发现了夏威夷群岛。考察一个月后，他们向北到达阿拉斯加并绘制了重要的海图，然后经过阿留申群岛穿越白令海峡进入北冰洋。

这时，亚洲大陆的秋季来临，北冰洋千里冰封。面对被冰封的威胁，他只得把打通西北航线的壮举留待来年，回到夏威夷过冬。然而，他在此地停留休整之时，与当地的土著居民发生了激烈的冲突，被土著居民杀死。

库克死后，他留下的航海日记为人们提供了大量精确真实的航海信息，同时他也留下了很多海洋探险的故事，让人们回味和感叹。

65. 北冰洋航道的开辟

16世纪,达·迦马开辟了欧洲到印度的航道,麦哲伦又开辟了欧洲经大西洋横渡太平洋前往亚洲的航道。这两条航道的开辟为东西方之间的贸易和交流带来了很大的便利。但是,打开世界地图不难发现,这两条航道都很长。那么,能否找到一条从欧洲通往亚洲的更近的航线呢?

诺登舍尔德画像

随着航海事业的发展,越来越多的航海家去寻找从欧洲通往亚洲的更近航线,一代又一代探险者的目光被吸引到了北极。

1878年7月4日,诺登舍尔德在瑞典富商奥斯卡·迪尔森的资助下,率领"维加"号和"莉娜"号两艘轮船,从瑞典的哥德堡出发,计划发现一条"东北通道",开始了北冰洋航道的漫漫征程。

9月28日,探险船驶进楚科奇海之后,意外发生了。海上气温骤降,海面很快冰封,"维加"号被冻在海面上丝毫不能动弹。直到次年7月18日,被冰封了近10个月的海面才开始解冻。完好无损的航船得以向白令海峡航行,实现了人类首次发现北冰洋航线的梦想,而且探险队还创造了人类航海探险史上无一伤亡、船体完好无损的奇迹。

之后,他们先后到达了日本横滨、中国广州、印度锡兰,穿过苏伊士运河、直布罗陀海峡,于1880年4月24日返回瑞典。

诺登舍尔德率领的船队第一次通过大西洋和太平洋东北部,完成了环绕欧亚大陆的历史性航行,顺利实现了北冰洋的东北航道的开辟。

66. 阿德利企鹅名字的由来

1837 年,法国著名航海家迪维尔按照路易·菲利普国王的旨意,到南极探险。

迪维尔航海经验丰富,曾完成过两次环球航行。但当他们计划驶过维德尔海峡时却被巨冰挡住。于是,他们调转船头朝西北方向驶

⬆ 阿德利企鹅

去,在途中发现了茹安维尔岛,一条冰封的海峡把这个岛和他所命名的路易·菲利普地截然分开。

1839 年底,迪维尔率领船队离开塔斯马尼亚的雷巴特港。他们向南行驶不久就遭遇了风暴和浮冰;搏斗了 20 多个日夜之后,他们驶到一个巨大黝黑的悬崖边上。悬崖高 1000 多米,上面覆盖着薄冰,下面海水哗哗直响。令人奇怪的是,临近南极大陆的海岸,竟然一块浮冰都没有。为了寻找可以登陆的地点,迪维尔在悬崖下继续航行,忽然发现了一个没有多少积雪的荒岛。当踏上松软的沙滩时,他们高兴极了,因为这是人类第一次站在靠近南极大陆的土地上。

忽然,迪维尔发现了一群长相很奇怪、全身直立的大鸟,它们有着白白的胸脯、黝黑发亮的背,长长的嘴巴叫个不停,走起来一摇三晃,就像大腹便便的绅士。这些动物就是人们今天看到的憨态可掬的南极企鹅。

望着这些可爱的动物,迪维尔想起了分别多年的妻子阿德利,于是便把这些企鹅和发现的陆地都命名为阿德利。从此以后,阿德利企鹅便成为一种南极企鹅的名字了。

67. 南森的北极探险

遥远的北极,充满了神秘和未知。

挪威的北极探险家弗里德约夫·南森出生时,世界上已经不存在有待发现的新大陆了。当时世界地图的轮廓已经基本完成,而南森则为地图细节的增加助了一臂之力。

1887年,南森提出用雪橇进行横跨格陵兰冰盖的考察规划,但是挪威政府拒绝提供资金。后来他从一个丹麦人那里获得了资助,开始实施他的计划。1888年5月,南森与5个同伴离开挪威。考察组在靠岸之后遇到了相当大的困难,8月16日他们才开始由东向西艰难地行进。10月上旬,南森到达了格陵兰的西海岸。

在格陵兰考察成功之后,南森开始筹划他的下一次探险。南森用私人捐助的资金建造了一艘船,并给该船取名为"弗雷姆"。这艘船的最大特征是其外壳呈圆形。这样可以使船易于挤进大冰群并将冰拱到船的上面。

1893年6月24日南森带着同伴向北冰洋进发,9月22日"弗雷姆"号抵达切柳斯金角东北方向的冰区。在这个过程中,南森通过计算发现这条路不能使船跨过北极。因此,在1895年春天南森带着一个同伴离船乘雪橇向北极前进,他们最北到达了北纬86°14′。

在南森回到挪威8天之后,"弗雷姆"号也返回挪威。南森和远征队员们在充满危险的行程中详细记录了气象情况并收集了其他科学数据,为北极的探索和科考作出了巨大的贡献。

⬇北极冰川

68. 南极点的首位探访者

南极和北极一直都是人类心驰神往的地方,银白色世界的纯净与神秘,吸引着无数探险家。挪威出生的阿蒙森也不例外。他从小热爱探险,他24岁时,计划组织一支探险队。经过了5年的准备,1903年6月17日,阿蒙森与6名伙伴乘"约阿"号船驶离挪威,开启了探索极地的生涯。

⬆ 阿蒙森画像

他们沿着英国海岸北上,绕过奥克尼群岛转向西北,25天后抵达格陵兰岛;然后,穿过浓雾笼罩、冰山密布的梅尔维尔湾来到威廉王岛东南岸。因为船只被冰冻住无法起航,他们只好在亚阿港过了两个冬天。

1905年8月,他们重新起航,在满是浮冰的极地海域缓慢移动,终于驶出了后来以他的名字命名的阿蒙森海湾。他们一直沿着海岸线前行,5个月的时间,航程1800千米,艰难地穿越了白令海峡。阿蒙森顺利地走完西北航道后,便准备到北极探险,但没有想到美国人皮尔里早他们一步到达了北极点。于是,阿蒙森很快便把目标定在了南极点。

1910 年 8 月 9 日,阿蒙森乘"费拉姆"号探险船从挪威起航,途中获悉英国海军军官斯科特组织的南极探险队早在两个月前就出发了,这对阿蒙森是个巨大的挑战。他决心夺取首登南极的桂冠,便加快步伐,经过 4 个月的

↑阿蒙森南极科考图

艰难航行后,终于穿过南极圈,于 1911 年 1 月 4 日到达了南极大陆的鲸湾基地。

又经过了近 10 个月的充分准备后,1911 年 10 月 19 日,阿蒙森和 4 个伙伴又出发了。前半程他们靠雪橇和滑雪板前进,后半程只能自己爬坡越岭。12 月 14 日,他们终于到达了南极点,成为抵达南极的第一人。在那里停留了 3 天后,阿蒙森告别了南极点开始返程,并顺利回到了鲸湾基地,而与他们同时间驶向南极点的英国斯科特科考队却因为遭遇暴风雪,队员全部被冻死。

这次伟大的南极探险,轰动了整个世界,自此南极的神秘面纱也逐渐被揭开。

69. "红头发"爱利克与格陵兰岛

从冰岛往西,有一片冰雪覆盖的礁石,冰岛神话中称之为贡比恩礁石;礁石之上常年云雾缭绕,威严又神秘。对它,人们只能敬而远之。

当时冰岛住着一位海盗船长,有一头火红的头发,人们叫他"红头发"爱利克。他原来是挪威人,因为杀人重罪被驱逐出境到了冰岛。

"红头发"爱利克胆大妄为,不甘寂寞,他决心闯一闯贡比恩礁石,寻找新的陆地。大约在982年,爱利克伙同几名好友出发了,经过千辛万苦,终于找到了几块平坦的地方登陆。这里的港湾有大量的鳟鱼、鳕鱼和海豹,滩原上长满了青嫩的植物和树林,夏季温和,冬季也不太寒冷,与四周冰雪覆盖的荒原形成了鲜明的对比。

↑ 爱利克画像

爱利克欣喜若狂,把这块宝地叫作"格林兰",意思是"绿色的土地",后来他们用"格陵兰"称呼全岛。

"红头发"爱利克满怀豪情,用"绿色的土地"为号召,游说冰岛人移民到这块新开辟的区域。移民的船队浩浩荡荡前来,有几艘船被海上突发的风暴摧毁,还有一些吓得掉头逃走,只剩下14艘船上的500多名移民到达了南格陵兰。

后来这片土地被称为"东开拓地",在当时的丹麦地图上,格陵兰被标为欧洲的一部分。地理大发现后,格陵兰归属于北美洲。

70. 西欧海盗的风云变幻

古往今来，海盗是野蛮与血腥的代名词，他们神出鬼没，制造了一个个黑色传奇。西欧海盗在海盗历史上演绎着重要的角色。

如今，他们的故事和他们埋藏的宝藏一样，已经逐渐沉淀到了历史的角落，并被时光罩上了一层神秘的面纱。

公元787年，英国多塞特海面突然来了几艘龙头船，海盗们手持矛、剑、战斧迅速上岸后，见人就杀，见东西就抢。他们烧毁房屋，劫走家畜，随后满载着胜利品在海上疾驶而去，这是"维京"海盗首次攻掠英国。"维京人"指的是住在北欧斯堪的纳维亚半岛及附近岛屿上的丹麦人、瑞典人和挪威人，他们体格魁梧，胆识过人，常年漂泊在海上，贪财，勇猛，喜欢冒险，有强烈的征服欲望。

793年6月8日，来自挪威的"维京人"又一次以迅雷不及掩耳之势攻上了英格兰林第斯法恩岛。这次骇人听闻的闪电式洗劫正式拉开了"维京人"攻掠欧洲的序幕，长达300年之久的北欧海盗称霸欧洲的"维京时代"由此开始。

进入16世纪，新大陆的发现、殖民地的扩张、航行在世界各地满载金银和其他货物的船只，这些更加刺激了海盗们的野心。他们的船越来越大、越来越快。17世纪末18世纪初，海盗的黄金时代来临。"黑胡子"船长爱德华·蒂奇、"黑色准男爵"罗伯茨以及基德船长等一批海盗头子用枪炮写下了充满血腥味道的黑色传奇。

↓ 海盗船模型

71. 红发女海盗卡特琳娜

唐·埃斯坦巴·卡特琳娜是18世纪中叶西班牙巴塞罗那船王的千金。她从小喜武厌文，拒不服从父亲将她送去修道院的决定，于是逃离了家庭，剪掉了自己的红发，女扮男装开始了流浪生涯。

一年后在秘鲁，她报名参加了陆军，并成功隐藏了自己的身份，后来在一次暴乱中她失手杀死了自己的哥哥，痛苦万分的她走上了海盗之路。

↑卡特琳娜画像

一次海战中，她因为船长战死而被推选为新船长。这时她恢复了女儿身，梳着一头红发。在以后的岁月中，她用自己的行动成了海盗女王。卡特琳娜很有原则，从不袭击西班牙的船只，还经常救助那些落难的西班牙商船，因为她无时无刻不在思念着自己的祖国。

在西班牙和英国的联合围剿下，卡特琳娜的队伍被西班牙舰队击溃，她也被带回马德里受审，被判处死刑，但国民一致认为她是无罪的。这件事惊动了国王菲利普三世，在他的干预下法院重新审理了案件，最终将卡塔琳娜无罪释放。

不仅如此，国王还亲自召见她，并赏赐她大笔的金钱和封地，卡特琳娜成了"西班牙的英雄"。

72.平民海盗张保仔

张保仔是广东新安县一个普通渔民家的儿子;幼年时,因为清朝水军勒索,家破人亡,被其他渔民抚养长大。

张保仔15岁时,随众人出海,被大海盗郑一掳去。郑一见他聪明伶俐,便留在了自己的身边。就这样,张保仔被迫当了海盗。

后来,郑一在与清朝水军的战斗中死亡,其妻任用张保仔为助手,最终权力便落入张保仔手中。

↑ 张保仔画像

由于张保仔处世有道,以劫掠官船、洋船为主,深得众人拥戴,队伍迅速发展壮大。清朝嘉庆中期,张保仔成为珠江三角洲一带最大的海盗头目,曾经一次击沉葡萄牙军舰18艘。他在当时荒凉的香港开荒种田,还常与海外华侨往来,使得香港岛兴旺起来,居民达到20多万。

　　清朝为招降张保仔,施行内外夹击、封锁、挑拨等策略。后来,两广总督张百龄改变策略,将粮食海运改为陆运,将商营的弹药厂收归官办,从而断绝了海盗的粮食和弹药的供给,并加强海上巡逻,遇到海盗船只立即炮击。这些措施让张保仔的生存变得十分艰难。

　　而后,张保仔俘获了一艘英国东印度公司的商船,勒索了数万大洋,引起了英国殖民者的不满。清军和英、美、葡等国的舰队对张保仔的海盗舰队进行了大规模的围剿。

　　1811年,张保仔选择投降,效法梁山好汉,帮助清廷打击海盗,共歼灭黄旗帮200多人,破青旗帮舰船数十艘。

　　后来,张保仔被朝廷升官晋爵,担任顺德营都司等职,官至福建闽安副将,最后病死于任上。

73. 中国现代无动力帆船环球航行第一人

自古以来，人类对海洋一直有着深切的热爱和眷恋。同样，各种航海运动也吸引着非常多的人的参与和喜爱。

2007 年 7 月 25 日，印度洋中部的迪戈加西亚岛近海，一艘民用帆船缓缓驶入，顿时让气氛异常紧张。

驾船者就是创造了首次单人无动力帆船环球航行纪录的中国人翟墨，他驾驶着悬挂中

⬆ 翟墨

华人民共和国国旗的无动力帆船，用自己的行动再次证明了炎黄子孙面对海洋的勇气、豪情、信念和智慧。

2007 年 1 月 6 日，翟墨独自驾驶着 12 米长的"日照号"无动力帆船从山东日照出发，在绕转了 40 多个国家和地区后，于 2009 年 2 月 12 日归航并抵达三亚，总行程达 35000 海里，相当于绕地球赤道一周半，翟墨本人也成为第一个完成环球航海的中国人。

⬇ 翟墨的帆船

⬆ 翟墨在船上

翟墨说他很享受自驾航海带给他的不断触碰生理、心理极限的过程。

有一次，当翟墨驶离关岛，穿越太平洋时，他发现自己身后有一股飓风正在形成。利用短暂的时间差，翟墨迅速调整航向，最终幸运地与飓风擦肩而过，安全抵达了菲律宾的苏里高港。

在深海里，翟墨还遭遇过一次鲨鱼的追击。当时这条鲨鱼跟了他一天一夜，总保持着10米左右的距离。到了晚上，它还借着月光跳出水面，并行在船侧。于是，他便把船上所有的食物都扔给它，然后趁机逃脱，因为单薄的帆船根本没有招架攻击的能力，好在后来鲨鱼自动消失而有惊无险。

回顾整趟旅程时，翟墨说最难走的就是好望角，那里气候恶劣、海浪滔天，很多航海者都望而生畏。

600多个日日夜夜的航行，翟墨到过很多小岛、小村、小港。每一次，他都会主动接触那些几乎与世隔绝的原始居民，了解当地的风土人情，研究他们的风俗艺术。

平安归来后，翟墨最大的愿望是写一本航海日志，不仅记录沿途的气候以及心得体会，还有不同国家的民俗风情。未来，翟墨将继续参加帆船赛事，丰富自己的航海生活。

第四部分

海洋民俗故事

临海而居、依水而动的海边渔人，从衣食住行到信仰礼仪，都会带着海洋独特的气息。无论是美丽鲜艳的渔女红装、独具特色的湄洲妈祖装等服饰装扮，还是临海而建、以海取材的海草房、蚝壳房等建筑，抑或是出海、捕捞、吃饭、婚丧嫁娶等禁忌习惯，每一种民俗风情都深深刻上了海洋的印迹，传递着出海作业的艰苦与辛勤、海上渔民的聪明与智慧。在求福祈安的深切盼望中，渔人对于风调雨顺、满载而归的心愿与祝福，都凝结成了一曲曲动人的乐章，这些乐章奏出了他们最质朴的情怀与最深沉的期望。

74. 惠安女服装的来历

位于福建东部沿海的惠安,既有青山绿水的清秀,也有疾风海啸的狂放。生活在这里的惠安女也有着自己独特的服饰装扮,表现着独特的风土人情。

民间有一个关于惠安女服饰的伤感故事流传至今。相传在南宋末年,李文会来小岞隐居,启程时把从海南强行抓来的黎人贵族康小姐纳为妻。

康小姐婚后虽育有两男两女,但曾被迫出嫁的怨气却始终未消。等到自己女儿出嫁时,康小姐便把出嫁的女儿打扮成自己被劫时的模样。

她先是将女儿的头梳成蝴蝶髻,其重20斤、高2尺,再取来一方乌巾遮盖

↑ 身着传统服饰的惠安女

住女儿的脸庞,借此表达自己被抢时不愿让人看见美丽容颜和讨厌见到丑陋郎君的心理;继而又为女儿戴上厚重的银镯,象征自己当年被抢时被迫带上的铁铐,还特地在女儿嫁衣裤上剪几个洞,并打上补丁,以此重现当年自己被抢时被扯破的衣裤。而在出嫁前,康小姐又将女儿的嫁衣裁短,并将裤子放宽且截短至膝部,并系上银裤链,以此重现自己年少被迫嫁人时因反抗挣扎衣服脱落的情景。

虽然只为排解心中的怨怒,但康小姐特意为女儿装扮的嫁衣因为适应当地闷热的天气而意外受到当地人的青睐,从而被流传推广。

现如今,"封建头,民主肚,节约衣,浪费裤"的传统服饰已成为惠安女典型的服饰特点。

75. "妈祖装"和"帆船头"

每年农历九月初九是妈祖羽化升仙的纪念日,也是妈祖的祭祀日之一。在这隆重盛大的节日里,湄洲女们梳好"帆船头",穿上"妈祖装",肩挑红纱笼罩的供品,来到祖庙拜拜祈福。

湄洲女、惠安女与蟳埔女被誉为"福建三大渔女"。湄洲女最显著的特征表现在发型和服装上,这来源于妈祖生前最爱穿的衣服的传说故事。

相传湄洲少女林默经常下海救人,被海水打湿的裤子远远看去像黑色,后因海中救人而落

⬆ 身着"妈祖装"的姑娘(左)

难身亡,死后常常幻化成妈祖下海救人。她总是一身红装,所以妈祖故乡的女子为了纪念她,也喜欢穿红衣,且在民间一直流传着"帆船头,海棠衫,红黑裤子保平安"的民谣。但为了区别于神明,她们便只取其中的一段红色,于是有了现在的样子。

妈祖心系大海,身许大海,情牵大海。于是,妈祖故乡的女子为求妈祖保佑平安,便把头发盘起,在后脑勺梳理成帆船的形状,象征着出海时一帆风顺。发髻的两旁各有一根波浪形的发卡,代表着船桨。盘在头顶发髻里的红头绳,象征着缆绳。这个发型整体像一艘船,象征着女子对出海亲人的祝福与思念。

千百年来,湄洲女子身穿妈祖装,头梳帆船头,在家中点亮灯火,照耀着亲人回家的路。

76. 为何渔女爱红装

山东最有名的渔村大岛——砣叽岛旧时流传着一句民谣："砣叽岛，三大宝，大红裤子大红袄，绣花鞋，满街跑。"这句民谣形象地说明了当地渔女们的穿着打扮。

⬆ 渔女爱红装

为什么当地的女子对红装情有独钟呢？这里有一个传说故事。

以前，在砣叽岛上，居住着一位聪明美丽的女子，名叫渔女，她总是喜欢穿着绣花鞋和红色衣裤，或织网，或晒鱼。她不仅能歌善舞，而且能缝会补，对穿衣打扮也很有研究。

起初，其他渔民对渔女这种大胆开放的穿着和服饰很是吃惊与不解。然而，个性鲜明的渔女还是穿着自己心爱的红装，不在乎其他人的眼光。后来，渔女在一次出海打鱼时遭遇了风暴，狂风席卷而来，渔船在海面上不停地翻转，失去了控制，最后被海浪打翻，渔女掉入了波浪翻滚的大海之中。正当这时，另一只打鱼的渔船远远看到了渔女红色的衣裤，在深蓝的海中格外鲜艳明显，便急忙赶过去救起了渔女。

从那以后，砣叽岛的渔女们纷纷穿起了红色的衣裤。在她们眼中，红色不仅鲜艳美丽，更是驱邪避灾的吉祥之色。

77. 船上吃饭多禁忌

⬆ 渔民在船上吃饭

以海为生的渔民们在长期出海打鱼的生活中形成了许多不成文的船上吃饭习俗,他们祈求在风浪变幻的大海之中能够平安顺利、连年有余。

渔民在上船后第一次吃鱼,必须把生鱼先拿到船头祭龙王以及那些在出海时不幸丧命的渔民。做鱼时不能去掉鱼鳞,也不能破肚,而是把整条鱼放在锅里煮;鱼烹饪出来之后,最大的鱼头必须给船老大吃。饭菜上桌后,船上的渔民不能比船老大早动筷子。

此外,吃饭时从锅里盛出来一盘鱼放好后,再也不可以挪动,挪动意味着"鱼跑了",这对于渔民来说可不是个好兆头。

吃饭的时候,夹菜只能夹靠近自己的一边,不能将筷子伸到别人那边去,否则会被称为"过河",因为在航海渔民的眼里,随便过河是不好的兆头,一定要将筷子扔进海里才算破解。在船上,所有吃剩的饭菜都不准倒进大海,一定要放在缸里带回陆地处理。

渔家人吃饭时特别忌讳"翻"这个字,因为出海最惧怕的就是翻船。所以,在吃鱼的时候,嘴上也不能说"翻"这个字,而要说"顺着吃"或"划过来吃",有些比较讲究的地方还会说"跃个龙门"。此外,船上吃饭时饭勺也不能底朝天,因为倒扣的饭勺很像翻过来的船。

渔民由于长期出海,在海中漂泊,都期盼能一帆风顺,平平安安,因此对这些禁忌非常在意。这些风俗源自于海上捕捞的危险和艰辛,也有渔民祈祷平安丰收的真诚心愿。

78. 海鸟送平安 外号送祝福

对于终日漂泊在海上的渔民来说,海鸟的低鸣高飞给他们的枯燥生活带来了无限的趣味和慰藉。海鸟在风暴中穿行,又带给他们无尽的勇气和鼓励。

对于海上的渔民,海鸟不仅是一种圣灵,更是一种陪伴、一种鼓励以及带给渔家人平安顺意的吉祥物。暴风雨来临前,海鸟总是会有一些奇怪的行为征兆,渔民常常因为海鸟的这些特别提醒而躲过灾难。因而在出海打鱼的渔民中有一个不成文的规定,不准打海鸟,有时甚至会把自己捕捞上来的鱼虾扔进海里喂海鸟。

在海边造船的船工船匠中,流传着给新船起外号的风俗,一般的船主都要让工匠们给新船起一个吉祥的字号,如"安泰和""福来顺""鸿升泰"

↑ 船外海鸟

等,还有一些很有趣的民间外号更为风行。

在造船期间,船主总是给工匠好吃好喝,比如,几次吃了大肉包子,使得工匠很感激,工匠便会给新船"大肉包子"的外号;相反,如果船主待工匠不周到,经常给他们吃高粱面做的"胡汤饼",工匠便会带着不满的情绪送新船一个"胡汤饼子"的外号。但无论是什么外号,船主都必须接受,因为请求更改会被看成是不吉利的事情。

还有些地方船的外号是由众人议论所形成的,一传十,十传百,就有了一个外号。如果一个大船造得憨头憨脑、肚大腰宽、能载却跑不快,人们便会送外号"大猪圈"。如果是船身轻盈、总是跑得很快,便会得名"飞毛腿"。还有诸如"小红鞋""大毡帽"等等,都是人们在劳动之余给船起的生动形象的外号,念出来让人忍俊不禁。

↓渔船

79. 海草房

在黄海之滨的长山岛上，有一片"面朝大海，春暖花开"的世外桃源。

当你走进长山岛渔村时，便会远远地看到在房屋之上，有着质感蓬松、绷着渔网的奇妙屋顶，这就是极富地方色彩的民居——海草房。这些房屋以草为顶，外观古朴厚重，极具地方色彩，宛如童话世界中的民居。

⬆ 绘画中的海草房

"长山岛，三件宝：马蔺，火石，海苔草。"这是一句流传在胶东半岛的民间歌谣。这里的海苔草就是当地人用来构建海草房的主要原料之一。

胶东半岛的海草房和黄海沿岸独特的地理气候环境是分不开的。胶东半岛，夏季多雨潮湿，冬季多雪寒冷，风速较大，因而人们选用生长在水深5～10米浅海的大叶海苔等野生海藻做房顶。这些海藻生鲜时颜色翠绿，晒干后变为紫褐色，非常柔韧，而且海草中大量的盐分和胶质还有很好的耐久性，可以防漏吸潮，持久耐腐，不易燃烧。海草房冬暖夏凉，居住舒适，深受当地居民的喜爱。

⬆ 海草房

风姿绰约的"海草房"面朝大海，承载着黄海渔民的酸甜苦辣，寄予了黄海渔民的憧憬与希冀。

80. 蚝壳墙

在美丽的珠江三角洲一带,有一种奇特的房屋,在阳光下熠熠生辉,吸引着各地的游客。那就是蚝壳墙房屋。以蚝壳为墙是明代常见的建筑方式,也是岭南建筑中比较独特而别致的工艺。这种房屋的独特之处就在于它的建筑材料。这源自于当地蚝的盛产,那里的渔民自古以来以蚝为生、以蚝为食,大量的蚝壳成为当地居民建造房屋的好原料。

明清时期,一村少则有二三十座蚝屋、蚝壳墙,多的有五六十座,独具特色。那时候,蚝壳墙多半出现在祠堂或是有钱人家的宅院里。之所以被大户人家格外青睐并采用,是因为蚝壳墙是七菱八角、凹凸不平的。他们将"生蚝壳"砌得又高又厚,俨然成了一堵巍然耸立的"防盗墙"。如果有小贼黑夜翻墙进院窃取家中东西,一定会被尖利的蚝壳割伤手脚,因此"蚝壳墙"具有很强的防盗功能。

建造"蚝壳墙"的时候,是将生蚝壳拌上黄泥、红糖和蒸熟的糯米,一层层堆砌起来。用这种方式建成的屋墙,不仅具有防盗功能,而且隔音效果非常好,冬暖夏凉,坚固耐用,据说还能抵御枪炮的攻击。

当阳光照射时,"蚝壳墙"凹凸不平的墙面便会熠熠生辉,别具特色,充满了与众不同的线条感和雕塑感,既新颖别致又美观大方,成为当地最具特色的建筑样式和民间造房传统。

然而,如今这样的建筑越来越少,现在的生蚝壳大多被研磨成粉当作饲料了。仅存的一些蚝壳墙建筑虽经雨打风吹却五六百年屹立不倒,它们承载着历史的风霜,成为海洋文化的绝佳见证者。

↑ 蚝壳墙

81. 海边造船多讲究

海边渔民的生活离不开海,离不开船,当然也离不开造船。那么,这些大大小小承载着渔民生活和希望的渔船是怎样造出来的呢?这造船可是有不少的习俗和讲究的。

造船第一天的工作叫"铺志",又叫作"连大底"。造船的工人用参钉穿连底盘,再用"工"字形铁铜钉固定。选材下料后,将碎锅铁砸入板中。锅铁要排满砸匀,凡是水下船板都要砸入锅铁,等到新船造成之后,再用木屑和桐油加热涂刷砸入锅铁的船板,形成保护层。

"铺志"要选个吉日,也就是好日子。开工的时候将底盘、船梁等用料在船场里摆成好看的图形,挂上红色的绸缎,再摆好供品,渔民和船工上香焚纸,燃放鞭炮,船主向着大海祭拜。同时,造船的大木匠在一旁大念喜歌,仪式之后船主人要宴请工匠以示感谢。

在造船进行到一半的时候,要为船只装上大绵梁,就是一种很耐重的梁木。这时要举行仪式,摆供祭神,犒赏工匠。

新船造成下坞时也要举行仪式。在山东蓬莱一带,新船下坞时,船主选择黄道吉日,船头披彩,船尾挂红旗,摆供品,点蜡烛,焚香纸,鸣鞭炮,行大礼。船主用朱砂笔为新船点睛、开光,高呼"百事大吉""风平浪静"等,将船只送向大海,场面很是热闹,别有地方趣味。

看吧,这些大大小小船只的打造都要经历一番别开生面的过程,每一个步骤都很有讲究,充满了祈福求安的意味。神秘丰富的大海孕育着多姿多彩的海洋习俗,传诵着海滨渔民生生不息的生命旋律,企盼着生活走向更加美好的未来。

◐ 建造中的渔船

82. 海上捕捞禁忌多

广阔的海洋带给人们祥和安乐与丰收的同时,也会给人们带来狂风暴雨和多种灾难。

因此,无论是东海渔民还是南海渔民,无论是北方海域还是南方海域,早期渔民在出海捕捞时,为了祈求平安返航、丰收归港,都会有许多的禁忌。

据说不穿鞋子的脚和不戴帽子的头在海里会发亮,远处的怪鱼看到会来吃人,于是黄海渔民出海时不可以赤脚和光着头。其实,渔民的鞋子和帽子能够起到安全防护作用,便于捕捞作业。

另外,渔民在船上不可以两手抱膝坐着,也不可以坐在船帮上将两只脚伸进海里,据说这样做是对海龙王不敬,要遭报应。其实,这是为了防止不经意被海中的大鱼咬伤。看到怪鱼、怪兽在海里出没时,不能问"这东西吃不吃人""它会不会掀起大浪"之类的话,以免引来不测。其实,这是船老大怕大家因为情绪紧张而影响正常的捕捞工作。起网的时候,不能抓鱼的尾巴而要抓鱼头,寓意为船上作业可以拉鱼头兜住整个鱼群,这是大家对丰收鱼满舱的一种期待。还有,不许在船头和左右船舷大小便。渔民认为在船头和船舷大小便都是对神明不敬,海龙王会不高兴。这样做的人要被踢到水里,通过惩罚才能够回到船上。再就是渔民在海上捕捞期间不许剃头,因为"剃"字意味着渔网要受损失,而渔网是渔民捕捞作业的重要工具。

渔船在海上遇到鲨鱼时,渔民要向海里撒米,同时将一面三角形的小旗抛入海中,俗称"为鲨鱼引路"。据说这是鲨鱼在赴龙宫途中迷了路,浮出海面向渔民问路。渔民撒米施食,可免鲨鱼不高兴而兴风作浪,掀翻渔船。

每一种禁忌都包含着早期渔民海上劳作生活的故事,一些禁忌也作为海洋民俗永久地流传下来。这些禁忌都是渔民祈福求安的表现和盼望丰收平安的朴素心愿。它们穿越历史,让我们看到了早期渔民海上求生的艰辛。

83. 祈愿祝福中的渔家娃

⬆ 传说中的送子娘娘像

⬇ 送子娘娘塑像（中）

在过去的渔民百姓家,孩子诞生礼仪一般分成三个阶段:求子、孕期和诞生庆典,每个阶段都非常受渔民百姓的重视。

古代受封建思想的影响,海岛居民对生男孩很是重视,因此海岛妇女如果久婚不孕心理压力会很大,已孕未生的妇女也整日惴惴不安,唯恐怀的不是男娃。为了得子,东部沿海岛屿的许多妇女会定期去岛上送子娘娘或送子观音庙祭拜祈祷,以求神的恩赐、天降男娃。正月十五闹龙灯时,东海各岛还盛行钻龙门、摸龙须的习俗,期望博得海龙王高兴,赐他们孩子。

渔家孩子诞生也有很多传统的风俗习惯。

传统的东海渔家诞生庆典从婴儿诞生之日起，要经历系红绳、喝开口奶、洗床、满月、"百岁"、抓周等一系列仪式，步骤繁多，丰富多彩，非常有趣，寄托着长辈对下一代的深情和祝福。

据说系红绳是为了让宝宝避害驱邪，保佑其双手不受损害。凡是系过红绳的孩子，长大以后双手都会规规矩矩的，不会干出偷鸡摸狗的事情来。婴儿落地后24小时，便可以吃奶了，这便叫作"开口奶"。这"开口奶"得由儿女双全、大富大贵的妇女来喂。不过，"开口奶"可不是新鲜可口的奶水，而是黄连汤。渔民认为这样孩子便会先苦后甜，将来不怕被咸苦的海水淹死。产后的第三天要举行洗床仪式。洗床时，产妇的好朋友纷纷赠送礼品庆贺，而洗生婆则会为婴儿洗浴更换新衣服，并在床前设祭桌，用供品祭祀床婆床公。这天中午，主人摆上丰盛的酒席恭请洗生婆、奶娘以及前来道喜的宾客，俗称"洗床酒"。

孩子满月时的仪式就更隆重了，不仅娘家人要前来道喜送贺礼，娘家妈妈更是要来探望并送上红糖、蛋等补品。婴儿还要剃"满月头"。婴儿诞生100天时，还要设宴庆祝"百岁"。一周岁还

↑ 抓周

要举行隆重的"抓周"仪式，大人们摆上书籍、算盘等物品，任由孩子抓取，以预测其将来的志向和爱好。

这些丰富有趣的民俗传统寄托着渔家百姓对孩子的祈愿和祝福。

84. 拜着"龙王"入洞房

在现实生活中,海龙王的形象和象征意义深深地影响着渔民的思维和生活。从孩子出生的拜龙王,到结婚拜堂时供奉龙王,龙王的身影无处不在,见证着渔家人的幸福喜庆。

清朝光绪年间,舟山一些小岛盛行"拜龙王"的婚俗,这是海岛居民拜堂习俗的特殊礼仪。据说,新人拜堂前,举行婚礼的大堂上要摆设龙王神位,神位前点上三炷香,一对雕刻金龙的红蜡烛立于神位两旁,燃烧的蜡烛左右还放着两只斟满了酒的酒盏。拜龙王的仪式是在新人拜完天地后举行的。这时,赞礼者唱着"银烛辉煌金花红,拜谢龙王做媒翁。龙凤参生龙凤子,他年攀住步蟾宫"的拜龙王歌,那边新人应和着歌声叩拜龙王。

婚礼结束时,还会有"送龙王"的仪式。这时新郎、新娘不仅要拜送龙王,赞礼者还要高唱"龙王头上一盏灯,香烟袅袅透天庭,夫妻双双齐来拜,保佑家门多昌盛"的送龙王歌。

最后,伴着鼓号鞭炮响起,大家欢送龙王回龙宫。送走龙王,礼仪并没有结束,接下来的第三项程序就是"抱龙灯"。这龙灯在婚礼一开始就悬挂在龙王神位的上方。送走龙王后,赞礼者将画着金龙图案的两盏纱灯取下来,由新郎和新娘各抱一个,伴随着欢快的"抱龙灯"歌声,新郎和新娘在众人的簇拥下抱灯入洞房。接着,女宾们也涌入房间,她们把大把大把的红枣和花生撒在新娘的身上,祝福新人早生贵子、子孙满堂。

在一些海岛上,新人拜龙王这个婚俗曾经相当流行,现如今已有很大的改变,因为年轻人崇尚自由择偶,婚礼仪式也大大简化了。

↑ 龙王画像

85. 女婿寿和禳寿

自古以来,敬老爱幼、重视家庭是中国传统美德的重要组成部分。寿诞礼仪不仅是这种传统美德的外化,也为儿女表达孝心、家庭团圆提供了机会。随着时代的变迁,沿海地区盛行的寿诞礼仪整体上来说已经与内陆地区保持一致,但他们曾经的风土民情却是充满了地方风貌。

福建地处中国东南一隅,素有"闽海雄风"之称。蜿蜒曲折的海岸线、得天独厚的海洋资源孕育了这里独特的民俗风情。除了传统的寿诞习俗,闽南地区很多地方还有独具特色的庆寿礼仪,如女婿寿、禳寿等。

女婿寿是福建一些地区的特殊寿俗。与传统的晚辈向长辈祝寿不同,它是岳父、岳母给女婿置办的寿庆仪式。女婿过 30 岁头寿时,岳父、岳母要带上一对黄鱼、10 斤猪肉、2 瓶米酒、10 斤面及衣服、桂圆、枣子、橘子等去女婿家祝寿。据说,这些礼品都有特定的象征意义。鱼象征有余,米酒表示满足,面代表长寿,橘子因为和吉利谐音,表达了岳父、岳母对女婿的良好祝愿。女婿收下礼品后,要以长寿面、果品、糕饼等回敬岳父、岳

母,也恭祝岳父、岳母长寿。不过,这种祝寿不摆寿堂,只是以寿酒款待前来祝贺的人。

襄寿是福建地区给长辈祝寿的传统。一般是男庆九,女庆十。意思是如果男人过六十大寿,必须提前到 59 岁那年庆祝。此外,在正寿的前一天要做襄寿。襄寿的仪式较为复杂。首先,家人把亲友送来的寿烛在祖先牌位前全部点燃,牌位前不仅要摆上三碗寿面,寿面上还要分别插上三朵纸花。这时,晚辈们过来叩拜寿星,然后落座喝酒赏乐。如果家境宽裕,还会请人设坛念经,替过寿者向北斗

↑ 面制寿桃

星求福寿,称为"拜斗";有的人家还会邀请业余民乐队在坛前弹奏,称"夹罐"。正式庆寿时,家中华灯齐放,亲朋好友欢聚一堂,有的家庭还有亲友送来的寿诗和寿序给寿星作为纪念。

这两种独特的庆寿方式具有浓郁的闽家风情,同时也是闽家人对家人和长辈寄予深情的表达。

86.渔家盛事妈祖节

妈祖自宋代以来其影响遍及我国沿海和东南亚各国,甚至延伸到俄罗斯、朝鲜、日本及非洲等国家和地区,不断发展继而成为世界上独树一帜的妈祖文化。

妈祖文化起源于福建湄洲岛,已有 1000 多年的历史。它始于宋代,行成于元,兴盛于明、清,繁荣于近现代,体现了汉族海洋文化的一种特质。汉族民间海上航行要在船舶起航前祭妈祖,祈求保佑顺风和安全,在船舶上立妈祖神位供奉。这就是"有海水处有华人,华人到处有妈祖"的真实写照。妈祖作为"海神""护航女神",成为中国海洋文化史中最重要的汉族民间信仰崇拜神之一。

公元 1060 年,妈祖信仰由福建沿海一带传播到北方,福建渔民把妈祖像供奉在山东长岛的沙门佛院,北方妈祖文化信仰由此兴起。

农历三月二十三日妈祖生日,长岛的庙岛都会举办妈祖文化节暨妈祖诞辰庆典。节

◎ 妈祖雕像

↑ 长岛妈祖文化节开幕式盛况

庆活动分为祭拜仪式、文艺演出、渔家海上游项目及渔家民俗文化展示四大部分。庆典活动展示了海岛人民对妈祖虔诚信仰的文化传统及独具魅力的渔家民俗文化，另外还有舞龙、舞狮、民间戏剧、渔家号子等节目。

如今的妈祖文化节已成为渔家盛事，代表着渔家人对美好事物的追求与渴望。

87. 祭祀海龙王花样多

中国民间对于海龙王是非常重视的。他们认为云和龙总在一起，龙能带来雨水，因而每逢风雨失调或者出海打鱼前，渔民都会虔诚祭拜龙王。其中，以建龙王庙、庆贺龙王寿诞和在生产中祭祀龙王最为特别和隆重。

首先是广建龙王庙。几千年来，神话中说海龙王主宰着海水和河水，人们为了定时朝拜它，便修建了一座又一座龙王庙，如烟台龙王庙、大连龙王庙、盐城龙王庙等。威海几乎每个沿海的港湾孤岛都修有龙王庙。舟山附近的一些渔村也有龙王宫或龙王堂。

↑ 龙王庙

东海一带龙宫的设计独特精巧、气势宏大。龙宫在正殿，龙母殿在后，左右两侧为龙女殿和龙太子殿。正殿中央有块蓝底金字的匾额，象征着帝王风范。

其次是庆贺龙王寿诞。"各岛各龙王，各庙各诞辰"，各个地方龙王寿诞的日子并不相同。例如，浙江舟山定海地区的龙王寿诞是农历六月初一；在渤海湾的大连、旅顺一带，沿海居民在每年农历六月十三庆祝海龙王诞

↑ 龙王诞辰祭祀

辰;还有一些地区的祭祀典礼是在农历二月初二,如山东威海成山头景区盛大的龙王祭祀大典,当地民间一直流传"二月二,龙抬头"的俗语,所以成山头人对龙王的信仰甚为虔诚。

再有就是生产中的龙王祭祀。以捕鱼为生的渔民最关心的便是生产收成以及出海安全,所以他们在出海捕鱼前和捕鱼回来都会祭拜龙王。例如,在东南沿海岛屿,每逢新一轮鱼汛开始,人们便会在龙王庙里供奉鱼、肉等贡品,向龙王表示敬意,希望龙王多赐恩惠;当渔船即将出海时,大家敲锣打鼓把龙王神像或是供奉在庙里的龙王旗请到船上,借龙威保佑自己海上航行一帆风顺;出海捕鱼归来,无论丰收与否,安全抵达的渔民都要举办隆重的谢礼,感谢龙王一路保驾护航。渔民们为了祈求平安出海、满舱而归,以一颗赤诚的心供奉、祭祀海龙王。

88. 渔家人的龟神信仰

虽然龟笨头呆脑的样子常常被人们嘲笑,甚至有"缩头乌龟"这样与龟有关的贬义词,但是在古代龟却被认为是一种灵兽,是部落的图腾和信仰,有长命百岁的含义。

海龟早在2亿多年前就出现在地球上了,是有名的"活化石"。据记载,海龟寿命最长可达152年,是动物中当之无愧的"寿星"。正因为龟是海洋中的长寿动物,所以沿海渔民对龟非常敬仰和崇拜,人们将龟视

↑ 海龟

为长寿的象征和吉祥物。渐渐地,龟崇拜成了一种民间信仰,同时也有很多敬龟神的传统流传下来。

辽东半岛的滨海民众尊称海龟为"元神"。人们都说"千年的王八万年的龟",人们亲切地称海龟为"老帅",期望沾点福气。

古人传言,海龟善于变化,可以给人祸福,所以渔民都不敢得罪它。船要下锚时,船长会高喊一声"给一锚了",再稍等片刻才下锚,就是怕伤到海龟。如果不小心捕捞到海龟,渔民也会立即虔诚地将其放回大海,并念念有词,请求宽恕。

在有些海滨地区,如福建的一些客家人也信仰龟神,把龟看成能带来幸福的圣物。他们还把人活百岁称作"龟龄",庆寿用的糯米粿上也要印上"龟印",以表达对龟神的感激和崇敬,并祈愿身体健硕、福寿安康。

89. 舟山贝雕

贝雕是浙江舟山市的传统雕刻艺术之一。它利用当地的贝壳做原料，根据贝壳的天然色彩、光泽、纹理，精雕成神形兼备的风景、人物、山水、花鸟等工艺美术品。

舟山传统贝雕工艺有近百年的历史。20世纪六七十年代，舟山贝雕工艺盛行，贝雕作品被很多收藏爱好者收藏或作为礼品，有的贝雕作品甚至被国家馈赠给其他国家元首和政要。20世纪80年代，由于种种原因，贝雕生产企业先后倒闭，艺人散失；到20世纪末，贝雕工艺几近失传。

⬆ 贝雕

2000年起，舟山市旅游品研究所对贝雕传统工艺进行了抢救性保护，召集老艺人对年轻工人进行传帮带。目前，具有舟山海洋文化特色的贝雕工艺得到了初步恢复，贝雕作品成为舟山重要的民间工艺品。

作为一种艺术品，贝雕的制作要经过一系列的艺术构思和设计，仅从选材到完成就有10道工序。贝雕品种繁多、造型精致，尤以舟山的贝雕画、贝雕镶嵌和贝雕首饰驰名中外。《屈原》《四大名医》《南海普陀》等作品在全国比赛中获奖，成了舟山贝雕的重要作品。同时，除了开发海洋文化产品外，舟山市将佛教文化作品和庆典礼品融入贝雕艺术行列中，并联络国家工艺美术行业协会成员设计、生产贝雕作品。

如今，舟山贝雕不仅体现舟山经济发展的时代气息，更在挖掘海洋文化特色中提升了自身价值。随着时代的进程，舟山贝雕一定会迎来新的发展，在海洋文化中大放光彩。

90. 戚继光与赛泥艋船

身为海的儿女,岂能不会弄潮耍水? 海边的孩子爱玩水是天性。倘若天气晴朗、阳光灿烂,顽皮的孩子们便蜂拥到沙滩上,这个饰演腰系竹筒的士兵,那个扮作威武的将军……海螺一吹,大家进行水战游戏。在这些海边游戏中,最有趣的莫过于赛泥艋船啦!

泥艋船是一种长约 1.7 米、宽约 0.4 米的小船,上面装一个横柄,使用时双手扶柄,左腿立船尾,右腿向后一蹬,船飞一般在海涂上滑行。你可别小看了这小小的泥艋船,每逢退潮,镇海一带的人们就驾着泥艋船在海涂里捕蟹捉虾。你可能不知道,它还和明代民族英雄戚继光有关呢!

据说,泥艋船是戚继光为克服泥泞、追杀倭寇而制作的一种海涂滑行作战工具。明朝嘉靖年间,浙东一带常有倭寇出没,于是朝廷就派戚继光到镇海抗击倭寇。戚继光虽英勇善战,可总是赶不走这里的倭寇。原来,倭寇经常在沿海一带骚扰,长年累月练就了一种特别的涉海涂、窜泥沙的本领。所以,当戚家军追赶他们时,倭寇在海涂上行走如飞,一会儿就坐船逃走了。戚继光十分懊恼,赶紧召集能工巧匠商量歼灭倭寇之术。后来,他们就地取材,制造了一种能在海涂上滑行的小船。船造成后,戚继光在船里放上刀枪弓箭,取名为御倭船。他挑选了一队身强力

↑ 戚继光雕像

壮的士兵到海涂上日夜操练,希望操练成熟后给来犯之敌一个出其不意的打击。当倭寇来犯时,戚继光一声令下,埋伏在海塘后的船像箭一样驶出去,将倭寇团团围住,杀个精光。将士们又驾驶御倭船乘胜追击,把沿海一带倭寇海盗全部歼灭,大获全胜。倭寇被戚家军杀光了,御倭船也成了功臣,老百姓纷纷仿造这种船用于海涂作业,久而久之,"御倭船"被叫成了与镇海方言近音的"泥艋船"。如今,海岛的孩子们已将这一历史悠久的作战工具发展成有趣的民间游戏,大家乘着泥艋船嬉戏追赶,乐趣无穷。

⬇ 泥艋船雕像

91. 南海疍民

在如诗如画的南海有一个古老的族群,他们以波涛作枕、海浪为席,在海水之上筑起了自己温暖的家。他们就是疍民,也被称为"水上人""水户""龙户""后船""连家船"等,还被称为"海上吉普赛人"。

疍民以捕鱼、摆渡、运输、贩盐为生,水既是他们的家,也是他们的衣食父母。遇水而居的疍民却曾经过着四处漂泊、被排挤歧视的日子。

有人认为疍民的祖先来源于古越民,或者是东晋卢循农民起义军残部;也有人认为是汉初闽越消亡后流落山海的遗民,加上各色政治难民构成的历史多元体。他们原来是居住在陆地上的汉人,秦朝时被官兵所迫,逃到海上居住,自此世代传承。

明朝初期,疍民便不与陆地居民通婚,同姓之间也不通婚,他们不从事农耕生产;清朝初期,更是不许读书,不许参加科举考试;清朝雍正年间,被准许与齐民同列甲户,但仍被视作贱民。直到民国初,疍民才与国民平等。新中国成立后,疍民终于彻底翻身,走上幸福的道路。

疍民在南海繁衍生息,为南海增添了一抹独具特色的文化印迹。

92. 渔歌嘹亮

海边生活的渔民在劳作之余,总是爱唱上那么两嗓子,抒发自己内心的情感,同时也为平淡辛劳的日子增加一些乐趣。

咸水歌就是这样的歌曲。它是明末清初珠江三角洲地区的民间流行歌曲,曾经是疍家人传情达意的歌谣。长期与水相依为命、漂泊水面的生存方式催生了咸水歌,在疍家人婚宴、喜庆时咸水歌都要登台露面。咸水歌曲调委婉悠扬,像大多数渔歌一样,咸水歌里也加入了衬词,中山咸水歌就多用"啊咧""啊""妹好啊咧"等方言土语作衬词,听上去颇具地方风味。

相传从前疍民在海上劳作或谈情说爱时都会唱咸水歌。有时人们也会举行别开生面的水上歌会,各地劳作前或收获后都会搭起歌台进行对歌比赛。

另外,在明清时代,广东、广西、海南等沿海地区人们下南洋的过程中,还会唱一种歌,叫作"去番歌"。

当时,在下南洋的途中,会有很多的人葬身大海,便有歌谣唱道:"海不平啊浪头高,天不平啊起风暴,叫一声我的妈呀,儿尸要在海底捞。"于是,他们便将自己的辛酸和血泪唱出来,发展成了"去番歌"。"去番"就是背

↑ 欢唱"喱哩妹"　　　　　　　　咸水歌文艺演出 ↑

井离乡、远离故土的意思。广东潮州人在去番的过程中，没有可以乘坐的大帆船，就把自己绑缚在竹排上当作小舟，拿甜粿当干粮在路上吃，撑起破被子当帆。在茫茫的大海上经历大风大浪，竹排经常被打翻，只有为数不多的人九死一生到达南洋……

　　音乐是艰难岁月里的一点点慰藉，也是世俗生活的缩影和升华。几乎每一曲歌谣背后都有一段故事。在海南，至今仍有一些年老的阿婆，当年新婚三个月，丈夫便去南洋谋生，可是半个多世纪过去了那远行的人依然没有归来，独留下年迈的阿婆坐在自家的门槛上在追忆中等待。这时，也只有这些歌声穿越历史，深深地藏着海畔渔人、旅人的心事和心情。

2015.8.12-8.16
第七届青岛国际帆船周·海洋节
The 7th Qingdao International sailing week · Ocean festival 2015

↑ 青岛国际海洋节

93. 青岛国际海洋节

美丽的海滨城市青岛与大海有着深厚的渊源。青岛的历史,正是在海风吹拂与海浪的陪伴下形成的。青岛沿海而建,因海而兴旺发展。有了海,才有今天的红瓦绿树、碧海蓝天的浑然一体;有了海,才出现了今日青岛海洋经济与海洋文化的繁荣。大海赋予了青岛人积极创新、诚信进取、文明自强的广阔胸襟。

为了表达青岛人民对大海的热爱和无限深情,为了实现人民亲近海洋、崇尚自然、憧憬未来的真挚愿望,青岛市从 1999 年开始举办青岛国际海洋节。

青岛国际海洋节每年 8 月举办,活动内容丰富多彩,有开幕式、海洋经济、海洋人文、海洋科技、海洋文化、海洋美食等几大板块数十种活动。青岛国际海洋节无疑是 8 月的青岛一道亮丽的风景线。

青岛国际海洋节举办之初,就将主题定为"拥抱海洋世纪,共铸蓝色辉煌",并以保护海洋、合理开发利用海洋资源和实现人类经济与社会可持续发展为目标,在倡导科技创新、发展海洋经济和国际友好合作等方面做出了不懈努力。

21 世纪是海洋的世纪,对海洋资源的有效开发和认真保护是社会发展中的重大课题。海洋节的建立也恰恰反映了中国对海洋可持续发展的高度重视。

青岛国际海洋节以大海的胸怀、夏日的妩媚和浪漫的风情热烈欢迎海内外宾客的光临。

因海而生的青岛国际海洋节也深深吸引了来自海内外的游客,他们来到青岛观光驻足,品味海韵蓝天,聆听海潮浪涛。

94. 墨西哥的"中国装"

位于北美洲南部的墨西哥,由于历史和地理等多种因素,其千姿百态的文化具有浓郁的印第安特色和强烈的西班牙印记。然而,在其色彩斑斓的服饰中,却有一朵东方风情的奇葩在墨西哥这个多元化的国度中静静散发着清幽的芬芳,而这一精美服装风格的精髓则来自遥远的中国。

这种特别的服饰在当地叫作"波婆兰那",也就是"中国装"的意思。这种服饰通常以黑色为底,金色滚边,缀满了红白绿色的绣花,腰部收拢,长摆及地,高贵华美,灵动洒脱,具有中国韵味。

据说,当年墨西哥有一个很有名的海盗,经常打劫船只、掠夺财宝,有一次,竟然无意中抢来了一位中国公主。海盗被公主的美丽深深吸引,心生爱慕,并在公主的感化下决心弃恶扬善、改邪归正,而公主也渐渐被海盗的真心所打动,对他有了好感。后来,二人一同驾车出游,当地居民被公主身上漂亮的华服所吸引,赞叹不绝。公主见到这个情景,便把制造衣服的方法教给当地的人们,于是"波婆兰那"便在墨西哥流传开来,成就了一段"中国装"远渡重洋的海上传奇佳话。

95. 西班牙海鲜饭

如果你到了西班牙，一定会被香气扑鼻的海鲜饭牢牢地抓住味蕾。西班牙海鲜饭源于西班牙鱼米之都——瓦伦西亚，是以西班牙产艮米为原料的一种食品。西班牙海鲜饭卖相绝佳，饭粒黄澄澄的，源自名贵的香料藏红花，饭中有虾、螃蟹、黑蚬、蛤、牡蛎、鱿鱼等，出锅时热气腾腾，令人垂涎。

↑ 西班牙海鲜饭

这种鲜香甜美的海鲜饭还有一个惊心动魄的传说。在 15 世纪大航海时代，哥伦布的船队在一次出海中不幸遭遇飓风，船员不得不弃船逃生，他们来到西班牙一个叫穆尔佳迪的小渔岛上。这个岛上的渔民喜欢群居生活，热爱家庭式的情感交流。每当家庭聚会时，他们便会把海产品加上米和香料用一个平底锅混煮，然后用大大的盘子盛装。哥伦布来到小岛的时候，体力尽失，饥肠辘辘，当地的渔民便邀请他一同品尝美味的海鲜饭，他吃得特别香。由于这顿饭救过哥伦布的命，在西班牙也把海鲜饭叫作"救命饭"。回国后，哥伦布对海鲜饭念念不忘，就在西班牙国宴上向国王讲述了自己的经历，国王立即下令让宫廷的御厨去小岛上学习海鲜饭的做法。从此，海鲜饭便开始风靡整个西班牙，王宫也用这种饭来招待客人，海鲜饭成了西班牙的"国饭"。

如今，西班牙海鲜饭已经是享誉全球的美食佳肴。

↓ 西班牙风光

96. 因纽特人冰屋

在北极圈内,生活着一群特殊的渔民——因纽特人,他们夏季半年在北冰洋附近捕鱼打猎,过着优哉游哉的生活,而到了漫长而寒冷的冬季,他们却很难对抗难耐的严寒,就只能依靠冰屋取暖了。

北极圈内的冬天特别漫长,要持续半年以上。冬天日照时间非常短,气温很低,再加上不断袭击的寒风,人要想在野外度过漫长的冬天是绝对不可能的事,他们必须想方设法建房保温,防寒过冬。普通的建材很容易遭受风雪的侵袭,保暖效果在北极圈内也会失去作用。

而在风雪漫天的北极圈里,最最丰富的资源便是取之不尽的冰、用之不竭的水了。于是,聪慧的因纽特人便就地取材,以冰建屋。他们先把冰切成一块块规则的长方体,之后在事先选择好的地方泼上一些水,垒上一些冰块,再泼上一些水,再垒一些冰块。一边垒,一边冻,慢慢垒好的房屋就成了一座晶莹剔透、密不透风的冰屋。他们把冰屋的门留得很低,人们进出只能爬行。门上再挂上厚厚的兽皮门帘,屋内外的空气对流就被大大减小了。在冰屋最深处,有一块用雪筑成的高台,这就是因纽特人的"雪床"了。他们休息、吃饭都在这个用雪做的床台上,却谁也不会被冻坏。夜晚睡觉时,全家男女老少都钻进一只皮制的大口袋之中,互相依偎着取暖。

这样,冰屋就可以保证穿着厚实而保暖的"皮草"的因纽特人"温暖"地过冬了。

↑马尔代夫风光

97. 椰壳多尼船

位于印度洋的岛国马尔代夫是大海的宠儿，它地处热带，风光秀丽，椰林密布，与椰子树有着千丝万缕的联系。

尽管马尔代夫是由许多天然礁石群组成的，同大陆隔绝，但往来交通非常便利。这都要归功于马尔代夫的海岛精灵——椰壳多尼船。

在很久以前，为了生存，智慧的马尔代夫先人们便就地取材，用椰子树上的材料造船，成了今天我们看到的马尔代夫传统的多尼船。多尼船解决了群岛之间的交通问题，是先住民因地制宜发明创造的最初交通工具，同时还是他们下海捕鱼的好伙计。

多尼船通体都是从椰子树上取下来的材料，从船体到缆绳，从船帆到桅杆，到造船用的钉子，都是从椰子上取下来的，难怪很多人都习惯叫它"椰子船"。多尼船主体完工后，要用传统的鱼油把船浑身上下涂一遍，以防腐蚀。

多尼船除了造船材料独特外，在驾驶的过程中也有讲究。多尼船航

行的方向是船长单脚操作,为此多尼船的船长一定要有十分丰富的航海经验,特别是要有高超的方向感和灵敏度。

细长的多尼船穿梭在葱郁的小岛间,航行在碧蓝的大海里。一舟一民族,一船一国家。多尼船伴随马尔代夫从古至今,经历了无数个日日夜夜,在岛屿间、饭店间随处可见。

在马尔代夫的国徽上,我们也可以看到一棵笔直挺拔的椰子树。它郁郁葱葱,高大挺立,聆听着海岛上阵阵海潮声,为那些在海面上航行的人们祈福求安。

↓ 多尼船

98. 瑞典小龙虾节

在瑞典,有一个小男孩们最期待的传统节日——瑞典小龙虾节,也被称为小男孩节。

小龙虾节在每年的 8 月 7 日正式拉开帷幕,为期多日。开幕的当晚,小男孩们随着父亲乘船到海里去捕捞龙虾,最后将战利品带回,与家人分享,共度欢乐时光。

↑ 小龙虾

据说,在 20 世纪初,由于瑞典的小龙虾面临被过度捕捞的危机,政府便出台了一些限制政策,人们只有在每年 8 月才被允许捕捞小龙虾。正因为要经过长久的等待才能品尝到如此的美食且一年只有一次,人们觉得应该在此时庆祝一下,小龙虾节就这样应运而生了。

在节日那天,男孩们都兴奋地跑到海边,迫不及待地用事先准备好的灯笼引诱小龙虾上钩。小龙虾特别喜欢亮光,一见光就会争先恐后地拼命向光亮处游去。小男孩就这样一只又一只地钓上活蹦乱跳的小龙虾,并把

↓ 瑞典风光

↑ 小龙虾

它们带回去作为自己智慧和勇气的象征,展示给大家。大人们希望通过这种活动,培养孩子吃苦耐劳、坚忍不拔的品质,所以无论大人还是小孩都希望满载而归。在他们眼里,这标志着小男孩在这一年里都会聪明好学并有好运气常伴左右。

在小龙虾节期间,还会举行"小龙虾晚会"。作为晚会的吉祥物,小龙虾自然必不可少;大家在室内铺上带有花边的桌布,使用色彩绚丽、五彩缤纷的餐纸,再点上红彤彤的龙虾形状的大灯笼。在欢快的气氛中,人们围坐在餐桌前一边品尝小龙虾,一边喝酒,同时对小男孩的勇气给予赞扬和肯定。第二天,大人们会赠送给小男孩礼物,希望他们健康成长。

不管是为了鼓励小男孩,还是为了庆祝生产丰收,或是为了纪念这一年仅一次的龙虾盛宴,小龙虾节都格外重要。其实,这个节日已成为瑞典的一种传统、一种文化,让人们团聚在一起分享美食和快乐,同时也感受成长与勇气。

99. 戈尔韦国际牡蛎节

位于爱尔兰西部的戈尔韦市,是戈尔韦郡的首府,也是爱尔兰第四大城市。这里的郊外风景优美,更因盛产一种特别的牡蛎而闻名于世。这种牡蛎生长在大西洋岸边,带有浓郁的海水味,口感嫩滑鲜美。每年9月底至第二年的1月初是牡蛎收获的季节。当

⬆ 牡蛎节游客

地居民以出产牡蛎而自豪,每年都会举办牡蛎节庆祝丰收,全城狂欢。

据说,牡蛎节源于市中心一家不大的酒店。这家酒店的经理布莱恩·科林为了挽救9月偏低的入住率,决定弄出点噱头,于是就在牡蛎开始收获的第1个月举办牡蛎节吸引游客,结果旅客即刻爆满。自此以后,牡蛎节每年都在戈尔韦举行,并由一个小型的酒店活动渐渐演变为全市同欢的大型派对,后来更演变成为著名的国际牡蛎节。

　　牡蛎节为期三天，最主要的活动是两个开牡蛎比赛：爱尔兰开牡蛎大赛和国际开牡蛎大赛，其他活动有牡蛎小姐选美比赛和狂欢嘉年华等。人们首先在节日诞生的那家酒店举行牡蛎节开节仪式。在全市的欢呼声中，漂亮的牡蛎小姐为戈尔韦市市长送上本季第一只牡蛎，市长在众人面前一口把牡蛎吃掉之后牡蛎节便正式开始。爱尔兰开牡蛎大赛是每年牡蛎节的第一个高潮。爱尔兰盛产牡蛎，人们也爱吃牡蛎，所以几乎每家餐厅都有开牡蛎的高手。比赛期间，对来自爱尔兰全国各地的参赛者，主持人像解说足球比赛一样评述每个人的表现与进度，而台下的观众则一边喝着爱尔兰啤酒，一边欢呼呐喊，热闹非凡。胜出者将代表爱尔兰参加两天后举行的国际开牡蛎大赛。主办单位将邀请世界各地的开牡蛎高手来此比赛，将开牡蛎技巧化身为表演艺术。想得到国际开牡蛎大赛的参赛资格，首先要获得一家餐厅的推荐，再在自己国家的初赛中脱颖而出，只有这样才可以到戈尔韦与各国高手一较高下。

　　创办于 1954 年的牡蛎节至今已举办了 60 多届，每年都有数万名游客慕名而来，美食狂欢，不亦乐哉，好一场盛大的"蚝"门盛宴！

↓爱尔兰风光

100. 水城盛事赛船节

意大利的水城威尼斯以其绮丽的海岛风光而闻名。它有着造型别致的拱桥、纵横交错的河道和水面上摇摆着的"贡多拉",这些都令世人赞叹不已。每年9月第一个星期日举行的赛船节更为古老的城市锦上添花,使这颗水上明珠放射出更加奇异的光彩。

⬆ 威尼斯赛船节

威尼斯的赛船节在意大利可谓家喻户晓。比赛时,两岸观众欢声雷动、群情激昂。比赛结束时,按名次发给红、蓝、绿、黄四面旗,并象征性地奖励一头小猪。

赛船节的起源既和当时人们的日常活动有关,如青年渔民时常在大运河上追逐、嬉戏或比赛,也与发生过的一些重大历史事件有着密切关联,如新执政官或新教皇产生后要举行盛大的庆祝活动。1177年,教皇亚历山大三世为感谢威尼斯人平息蛮人侵犯向威尼斯执政官赠送戒指,象征着威尼斯子孙万代对那片海域拥有主权。为庆祝这一胜利,执政官每年都要举行仪式,把戒指扔进大海,表示与大海永久亲密的关系。届时执政官从圣马可广场登上大型画舫"普庆陀螺"前往大海,在丽都岛附近停泊。几千条彩船护卫着画舫,彩旗高悬,气势宏伟。执政官把预先准备好的戒指投向大海,祈祷大海保佑共和国的平安。也有一些贵妇人投戒指时许下个人的心愿。返航后,全城举行盛大宴会。

每当人们看到赛船节活动所表现出的戏剧性场面、隆重的仪式、五彩缤纷的船队和各种历史人物的"再现",就仿佛回到了那遥远的年代,再度领略威尼斯人的独特生活。

图书在版编目（CIP）数据

青少年应当知道的 100 个海洋故事 / 李夕聪主编 . —
青岛 : 中国海洋大学出版社，2015.5
（海洋启智丛书 / 杨立敏总主编）

ISBN 978-7-5670-0895-3

Ⅰ. ①青…　Ⅱ. ①李…　Ⅲ. ①海洋—青少年读物
Ⅳ. ①P7-49

中国版本图书馆 CIP 数据核字（2015）第 089069 号

青少年应当知道的 100 个海洋故事

出版发行	中国海洋大学出版社
社　　址	青岛市香港东路 23 号　　　　邮政编码 266071
出 版 人	杨立敏
网　　址	http://www.ouc-press.com
电子信箱	youyuanchun67@163.com
订购电话	0532 - 82032573
责任编辑	由元春　　　　　　　　　　电　　话 0532 - 85902495
印　　制	青岛国彩印刷有限公司
版　　次	2016 年 1 月第 1 版
印　　次	2016 年 1 月第 1 次印刷
成品尺寸	170 mm × 230 mm
印　　张	10.75
字　　数	80 千
定　　价	28.00 元